基于野外台站的典型生态系统服务流量过程研究

裴厦　刘春兰　著

中国水利水电出版社
www.waterpub.com.cn
·北京·

内 容 提 要

生态系统服务及其价值的流量过程研究具有非常重要的意义。它有助于生态系统服务价值评估框架的统一，以及人类掌握生态系统服务价值在生态系统中的变化规律。野外生态台站为研究生态系统服务价值流量提供了坚实的数据基础。因此，本书基于野外生态台站的观测数据，选择典型森林、草地和农田生态系统，刻画和分析不同生态系统的碳汇服务、水源涵养、土壤保持和生物多样性保持服务及价值动态变化过程，对比分析同种生态系统服务在不同生态系统类型之间的差异，揭示上述四种生态系统服务的形成过程。

图书在版编目（ＣＩＰ）数据

基于野外台站的典型生态系统服务流量过程研究 / 裴厦，刘春兰著. -- 北京 : 中国水利水电出版社，2017.2

ISBN 978-7-5170-5202-9

Ⅰ. ①基… Ⅱ. ①裴… ②刘… Ⅲ. ①生态系统－环境监测－研究 Ⅳ. ①X835

中国版本图书馆CIP数据核字(2017)第034077号

书　　　名	基于野外台站的典型生态系统服务流量过程研究 JIYU YEWAI TAIZHAN DE DIANXING SHENGTAI XITONG FUWU LIULIANG GUOCHENG YANJIU
作　　　者	裴厦　刘春兰　著
出 版 发 行	中国水利水电出版社 （北京市海淀区玉渊潭南路 1 号 D 座　100038） 网址：www. waterpub. com. cn E - mail : sales@waterpub. com. cn 电话：(010) 68367658（营销中心）
经　　　售	北京科水图书销售中心（零售） 电话：(010) 88383994、63202643、68545874 全国各地新华书店和相关出版物销售网点
排　　　版	中国水利水电出版社微机排版中心
印　　　刷	北京嘉恒彩色印刷有限责任公司
规　　　格	170mm×240mm　16 开本　9.75 印张　127 千字
版　　　次	2017 年 2 月第 1 版　2017 年 2 月第 1 次印刷
印　　　数	0001—1000 册
定　　　价	**39.00 元**

凡购买我社图书，如有缺页、倒页、脱页的，本社营销中心负责调换

版权所有·侵权必究

前　言

　　生态系统服务及其价值的流量过程研究具有非常重要的意义。它有助于生态系统服务价值评估框架的统一，以及人类掌握生态系统服务价值在生态系统中的变化规律。因此，本书基于野外生态台站的观测数据，选择长白山温带阔叶红松林、千烟洲亚热带人工针叶林、鼎湖山南亚热带季风常绿阔叶林、西双版纳热带季节雨林、内蒙古温带草原、海北高寒草甸、当雄高寒草甸、禹城暖温带农田、常熟亚热带农田、千烟洲亚热带早稻-晚稻农田、盐亭亚热带农田和长武暖温带农田为研究区，刻画和分析上述生态系统的碳汇服务、水源涵养、土壤保持和生物多样性保持服务及价值动态变化过程，对比分析同种生态系统服务在不同生态系统类型之间的差异，揭示上述四种生态系统服务的形成过程。其中，碳汇服务包括年内和年际间的动态变化，水源涵养和土壤保持服务都为年内动态过程，生物多样性保持服务为年际间动态过程。此外，本书还分析了北京东灵山暖温带落叶阔叶林的水源涵养和土壤保持功能在年内的动态变化过程。

　　本书除了在生态系统服务中应用"流量"的概念进行研究外，还对碳汇服务、水源涵养和土壤保持服务等的评估方法进行了一定的改善，包括将碳汇服务过程划分为碳固定和碳蓄积过程，进一步详细地分析植被的碳服务。碳固定过程相当于有机碳的生产过程，碳蓄积过程相当于有机碳的存储过程。碳汇服务的价值为碳固定价值和碳蓄积价值之和。水源涵养服务中，主要计算生态系统的调节径流和供给水服务。将土壤看作"水库"，承担着蓄水的作用，同时，在计算蓄水价值时，考虑了水库成本的贴现，进而计算出水源涵养服务才是真正的年价值。土壤保持服务的计算中，根据研究点所在的土壤侵蚀类型区不同，采用水力侵蚀模型和风力侵蚀模型分别进行计算。

本书由北京市环境保护科学研究院生态与城市环境研究所的裴厦、刘春兰著。作者都是从研究生开始就从事生态资产和生态系统服务方面的研究工作，熟悉生态系统服务领域方面的研究进展，积累了丰富的科研经验，同时，也参与了多项北京市生态领域方面的研究，对北京的生态状况非常了解。本书是在长期的工作积累基础上编著而成，首次比较系统地阐述和分析了生态系统服务在时间上的流量过程。本书的研究成果揭示了不同生态系统服务的形成过程，以及我国不同生态系统类型之间生态系统服务的差异和空间格局；同时，丰富了生态系统服务的研究内容，具有一定的科研价值。

感谢北京市城市科学研究会和北京市科学技术协会对本书的出版给予的大力支持。感谢中国生态系统研究网络（CERN）和中国通量观测研究联盟（ChinaFLUX）为本书的研究工作提供数据。

生态系统服务的流量过程研究是一项长期复杂的工作，由于水平和时间有限，书中难免有不足和错误之处，恳请各位专家和读者批评指教，欢迎来信探讨（peisha@cee.cn）并提出宝贵意见，我们将在后续研究中进行修改和完善。

著　者

2016 年 5 月 26 日

目　录

第1章 绪 论

1.1 研究意义

生态系统服务价值评估是连接生态系统与社会经济系统的重要桥梁，对制定合理的社会经济发展政策和措施具有指导意义，对保护生态系统、维持人类支撑系统的良性发展具有重要意义。随着社会经济的发展，生态环境问题日益凸显，人类逐渐意识到生态系统对于人类生存和发展的重要性，生态系统服务研究迅速成为生态经济学的研究热点。目前，关于生态系统服务的研究成果很多，但是尚未形成统一的生态系统服务价值评估框架，评估的结果也存在着很多的不确定性。导致这些不确定性的主要原因之一是缺少局域尺度上的生态系统服务及价值动态变化过程研究，致使人类尚未掌握生态系统服务价值在生态系统生长和演替中的变化规律。我国生态系统野外观测台站（主要包括中国生态系统研究网络和中国通量观测研究联盟）从南到北、从东到西基本覆盖了我国所有的典型森林、草地和农田生态系统，已经开展了20多年的监测和研究，生态系统结构和功能等监测指标较全面，具有完成不同时间尺度上我国典型森林、草地和农田生态系统服务价值流量过程分析较完备的数据基础。因此，本书选择生态系统野外台站作为研究区域，刻画和分析典型生态系统服务及价值动态变化过程，对比分析森林、草地和农田生态系统服务及价值动态变化过程的差异。

1.1.1 生态系统服务价值评估意义重大

随着社会经济的发展，人类对生态资产的开发利用程度越来越高，给生态系统带来了极大的破坏，生态资产数量越来越少，生态环境问题日益凸显，人类逐渐意识到生态系统服务的不可替代性和生态系统服务评估对实现生态保护的重要性（Daily et al.，2000）。生态系统服务研究有助于人类了解自然环境对维持人类社会存在和发展的重要意义（Committee on Assessing and Valuing the Services of Aquatic and Related Terrestrial Ecosystems，2004），可以提高人类保护生态系统的意识，促使人类采取相应措施保护生态环境。适宜的生态系统发展模式、制度化的生态系统服务评估以及创新性的税收体系对于达到社会公平，实现生态系统的可持续发展非常重要（Scheffer et al.，2000）。生态系统服务经济价值评估是依据科学合理的计算方法，将原本人类认为公众的、无价的、可以随意使用的生态环境赋以货币价值，使其与社会上其他产品和服务具有同等的经济学意义，不再是无价的、随意开发和利用的，是连接社会经济系统和生态系统的重要桥梁。进行生态系统服务价值评估有助于在社会发展决策中考虑生态环境因素，制定有利于可持续发展的政策和措施（Lautenbach et al.，2011；Wainger et al.，2010）。生态系统服务价值评估已经逐渐成为开展生态保护的主要内容（Egoh et al.，2007），是实施生态补偿措施和生态付费的前提。因此，制定适宜的生态系统服务经济价值评估方法对社会的可持续发展具有至关重要的作用，是时代赋予人类的使命。

1.1.2 生态系统服务研究成为当前生态经济学的研究热点

生态系统服务研究已经成为当前生态学和经济学的研究热点。自 20 世纪 70 年代，生态系统服务概念首次提出来至今，生态系统服务研究受到了社会各界的广泛关注，一跃成为学术界的焦点问题，众多科学组织和科学家参与到生态系统服务的原理、影响因素和评价等研究工作中。研究成果数量迅速增加，呈指数增长模式（图 1.1）。

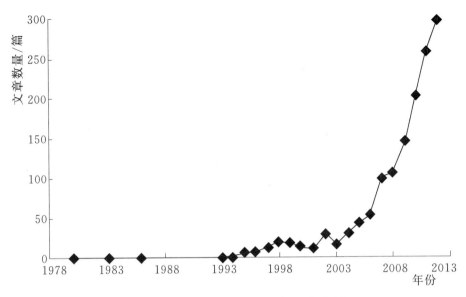

图 1.1　生态系统服务研究文章数量

（在"ISI Web of Science"中用"ecosystem services"或者"ecological services"
检索的结果。该图反映了生态系统研究的趋势，但是低估了生态系统服务研究成果）

1.1.3　生态系统服务及价值动态变化过程研究的必要性

生态系统服务是一个流量过程（侯元兆等，2008；Dominati et
al.，2010），即生态系统服务随着时间呈动态变化。然而，迄今为
止，对生态系统服务价值的核算多是静态的，关于流量过程的研究
工作仍然较薄弱（李士美等，2010a，2010b）。Chan 等（2006）指
出，正是由于在局地和区域尺度上对生态系统服务动态变化过程的
认知不足，导致无法形成一套系统的方法来规划生态系统服务（李
士美等，2010a）。因此，局地尺度上的生态系统服务及价值动态变
化过程研究意义重大，有利于加强生态系统服务形成机理的认知，
同时为生态系统服务保护工作提供依据。生态系统服务价值评估及
其应用面临着很大的挑战，缺乏关于生态系统资产和服务流的系统
研究是其中的挑战之一（Carpenter et al.，2009）。生态系统服务价
值要在自然保护过程中发挥一定的效用，我们必须对生态过程如何

产生生态系统服务以及生态系统服务如何发生变化进行研究和监测
（Kremen，2005）。目前，生态系统服务研究多是基于模型，缺少实
际数据的支撑（Wünscher et al.，2008），因此，一方面，难以取得
准确的研究结果，另一方面，研究成果无法预测生态系统服务在空
间和时间上的变化趋势（Guariguata et al.，2009）。基于局域尺度
和区域尺度的生态系统服务价值流量过程研究是解决生态系统服务
价值化所面临问题的重要工具（Lautenbach et al.，2011）。谢高地
等（2005）指出生态系统服务为人类提供的生态服务强度随时间而
呈动态变化，一般与植被生长曲线相关，因此，有必要研究生态系
统服务及价值在时间上的动态变化特征。

1.1.4　生态系统野外台站具有完成该研究所需的数据基础

我国的生态系统野外台站数据主要包括中国生态系统研究网络
（CERN）和中国通量观测研究联盟（ChinaFLUX）。CERN 于
1988 年开始组建成立，是世界三大国家级生态系统研究网络之一。
CERN 提供了包括中国典型农田、森林、草地、沼泽、荒漠和水域
生态系统共 36 个生态系统野外台站的水环境、土壤环境、大气环
境、生物等方面的长期定位监测，为生态系统服务价值日尺度、月
尺度和年尺度上的研究提供了坚实的数据基础。ChinaFLUX 成立
于 2002 年，以微气象学的涡度相关技术和箱式/气相色谱法为主要
技术手段，开展典型农田、森林、草地生态系统与大气间 CO_2 和
水热通量长期的观测研究。ChinaFLUX 的净生态系统碳通量
（NEE），为生态系统的碳固定和碳蓄积服务及价值化的动态过程研
究提供了更为准确的数据基础。综合起来，可以满足局域尺度上生
态系统服务动态分析的需求。

1.1.5　所选生态系统的典型性和生态系统服务的重要性

我国幅员广阔，生态系统类型多样，在一篇论文中不可能对我

国所有类型生态系统进行生态系统服务及价值动态过程研究，因此，本书基于生态系统野外台站数据，选择我国典型的、有代表性的森林、草地和农田生态系统作为研究对象。其中，森林生态系统主要有东北的温带针叶林、中部的暖温带人工针叶林和亚热带常绿阔叶林、南部的热带季节雨林；草地生态系统有内蒙古温带草原和高寒草甸；农田生态系统有暖温带农田和亚热带农田。

　　生态系统提供的服务种类繁多，不同生态系统类型所提供的生态系统服务类型各有侧重。本书对以往的生态系统评估案例进行归纳，总结出了4类森林、草地和农田生态系统共有的重要的生态系统服务类型作为研究对象，分别为碳汇服务、水源涵养、土壤保持和生物多样性保持。这4类服务是功能性生态系统服务分类体系中常规的服务类型，其中，碳汇服务、水源涵养、土壤保持几乎出现在所有的生态系统服务价值评估案例中。考虑到生物多样性保持的重要性和研究需要的迫切性，因此，也将其列入本书中。

1.2　典型生态系统服务研究进展

1.2.1　概念和内涵

1.2.1.1　流量的概念

　　流量的基本概念是流动的物体在单位时间内通过的数量。它描述的是物质在时间维度上的运动特征，反映的是物质在自然界中的存在状态。流量广泛存在于科学研究的各个领域中，比如流体学、经济学、心理学、网络研究、环境学等。流体力学中流量是指单位时间内经过某一横断面的流体的量，当流量以体积表示时称为体积流量，用质量表示时称为质量流量。水环境学中环境流量指维持生态系统健康河道中所需要的水流量。经济学中的流量是指一定时期内发生的某种经济变量变动的数值，它是在一定时期内测度的，其大小有时间维度。与流量相对应的概念是存量，所谓经济学中的存量是指某一时间点上的某种经济变量的数值，其大小没有时间维度。存量分析和流量分析是现代西方经济学中广泛使用的分析方法。

1.2.1.2 生态系统服务概念

生态系统服务的概念最早是由 Holdren 和 Ehrlich 在 1974 年提出的。Daily（1997）将生态系统服务定义为自然生态系统及物种维持和满足人类需求的条件和功能。Costanza 等（1997）将生态系统服务定义为人类从生态系统获得的各种收益，或者说，生态系统的产品和服务是指人类直接或者间接从生态系统的功能当中获得的各种收益。Turner 等（1998）认为生态系统功能是生态系统自我维持的物理、化学和生物过程；de Groot 等（2002）认为生态系统功能是生态系统生物界和非生物界相互作用的结果。生态系统服务就是由自然生态系统的生境、物种、生物学状态、性质和生态过程所产生的物质和维持良好生活环境对人类提供的直接福利。千年生态系统服务评估报告中关于生态系统服务的定义基本上采用了Costanza 等（1997）的观点，认为生态系统服务是人们从生态系统获得的收益。生态系统向人类提供产品（比如粮食、木材、药材等）和服务（维持生命、调节气候、休闲娱乐等）。在统计学上对"产品"和"服务"分列。目前，在生态系统价值评估中分列、合并的都有。千年生态系统评估（MA）把所有这些产出都列入"生态系统服务"（MA，2005）。

此外，还有学者注意到了生态系统的负面作用，并将其称为生态系统损害（ecosystem disservices）（Agbenyega et al.，2008；Lyytimäki et al.，2009；Zhang et al，2007）。比如城市公园中的老鼠（De Stefano et al.，2005）和人类在绿地中感觉到的安全威胁（Jorgensen et al.，2007；Lyytimäki et al.，2009）。区分生态系统服务、损害和产品是由人类喜好、社会、政治以及生物物理背景确定的（Lyytimäki et al.，2009；Zhang et al.，2007）。

1.2.1.3 生态系统服务的流量内涵

众多学者一致认同自然资产提供生态系统服务（Costanza 和 Daily，1992；de Groot et al，2002），生态系统服务价值在经济学中属于流量概念，对应的存量是自然资本，也即生态系统（Constanza et al，1997；Daily，2000）。生态系统服务以长期服务流的形式出现，能够带来这些服务流的生态系统是自然资本（胡自治，2004）。Dominati 等（2010）等将生态系统服务定义为自然资产提供的有利的、满足人类需求的流量。生态系统服务应以单位时间生态系统服务量衡量。

生态学上，生态系统功能的发挥是伴随着生物的生长过程所进行的，因此，生态系统服务随着时间是变化的。首先，生物的生长在一年内随着气候的变化有周期性变化特征，因此，生态系统服务具有年内变化特征；其次，生态系统中的多年生植被逐年生长，同时年际之间也存在着气候差异，因此，生态系统服务存在着年际变化特征；此外，生态系统在演替周期内的不同阶段特征不同，因此，生态系统服务还存在着演替周期内的差异。以上几个时间尺度，对于多年生植被来说都存在；对于一年生的植被，年内变化就是其生命周期变化。

结合生态学和经济学的相关概念，生态系统服务流量过程即生态系统服务单位时间内大小的动态变化过程，衡量的指标有物理量和经济量。此概念中包含三个要素：

（1）时间维度。不同学科中的流量研究所选择的时间维度不同，从秒到年。一般，流体研究中所选择的时间维度为秒，宏观经济学中多为年。不同生态系统的生命周期不同，其提供的生态服务变化的时间维度也不同，因此，生态系统服务流量时间维度的选择依据生态系统种类的不同而不同，根据研究对象的特点、研究目的不同，生态系统服务流量研究的时间尺度有日、月、季节、年、生长周期、演替周期等。

（2）特定生态系统服务类型。生态系统提供的服务类型很多，千年生态系统评估中将其分为 4 大类，分别为支持服务、供给服务、调节服务、文化服务，其中每大类又可以分为几个小类。不同类型生态服务是由生态系统的不同功能或同一种功能产生，再加上周围的环境差异和人类需求条件，其产生的机理不同，流量过程自然也不同。这就意味着在研究生态系统服务流量时，必须明确生态系统服务类型。

（3）特定的生态系统。众所周知，生态系统有森林、草地、农田、荒漠、河流、海洋等多种类型。不同生态系统的生长特征不同，提供的服务大小和过程自然也不同。比如森林生态系统大多为多年生树木，草地生态系统有多年生草和一年生草，而农田生态系统由于人工控制，有一年两熟、两年三熟、一年一熟等。可以看出，三种生态系统在年尺度上的流量过程显然不同。因此，研究生态系统流量过程，必须明确生态系统类型。

1.2.2　研究进展

目前，关于生态系统服务及价值动态变化的相关研究大多集中在森林生态系统。Greedy 等（2001），Brainnard 等（2009），Maraseni 等（2011），Ramlal 等（2009）以及 Bunker 等（2005）评估森林生态系统在生命周期内的经济价值动态变化过程。李士美等（2010）研究了千烟洲人工林在年内生态系统服务及价值的动态变化过程。然而，关于不同生态系统某一种生态系统服务及价值动态变化过程对比研究很少。

1.2.2.1　碳汇服务

生态系统在碳固定和碳蓄积方面起着重要作用。根据联合国气候变化框架公约（United Nations Framework Convention on Climate Change，UNFCCC），"碳汇"指从大气中清除 CO_2 的任何过程、活动或机制。从生态服务功能的视角来看，生态系统一方面能够将大气中的 CO_2 固定成有机物，这一过程给人类带来的利益可以称之为碳固定价值。另一方面固定的碳以有机物形式储存或蓄积在生态系统中，这一蓄积或储存过程给人类带来的利益可以称为碳蓄积价值。把生态系统吸收、蓄积 CO_2 的过程和机制定义为碳汇，那么碳固定价值和碳蓄积价值之和可被称为碳汇价值（谢高地等，2011）。生态系统碳汇服务是一个流量过程，即碳的固定和蓄积量及其价值随着时间呈现动态变化特征。掌握生态系统碳汇服务及价值的流量过程对于了解生态系统碳汇服务的机理具有重要意义，可以为制定可持续发展政策提供科学依据。

在现有生态系统碳汇价值评估中，大多数情况还并没有对碳固定和碳蓄积价值加以区分，实际上，碳固定和碳蓄积价值内涵是不同的。碳固定价值形成的来源是将大气中 CO_2 固定成非温室气体形式的碳这一过程产生的。而碳蓄积价值产生的过程在于以有机物的形式存在某个空间，其价值的本质类似于碳库存储价值，作为表现形式的货币价格相当于把单位 CO_2 以非温室气体形式存储在碳库中的存储价格，在度量时，时间特征十分明显，其显示的主要是单位时间单位非温室气体 CO_2 碳库对人类产生的利益。

a. 碳汇价值评估

目前，碳固定价值评估一般都在生态系统综合服务评估中作为气体调节的一部分来进行物理量和价值量的评估。气体调节服务是生态系统服务的重要类型之一（Costanza et'al.，1997）。气体调节中的碳固定多是基于 NPP 进行计算的。根据光合作用和呼吸作用方程式推算得出：每形成 1g 干物质，可固定 1.62g CO_2，并释放 1.20g O_2。碳专项研究关注更多的是各种生态系统类型——森林、草地、农田和湿地生态系统碳蓄积量的研究上，评估各生态系统碳库的大小，这实际上是一种自然资产价值的评估。研究生态系统碳蓄积一般是从生物量开始的，采用的方法总体上可分为基于生物量和土壤调查的生物量清查法、以生理生态-微气象理论为基础的涡度相关法和模型估算法。生物量清查法是研究生态系统碳蓄积的经典方法，并在较长时间尺度（3~5 年）上研究生态系统碳交换方面得到很好应用；涡度相关法可研究较短时间（时、日、月等）尺度内森林生态系统与大气间的碳交换量，是研究森林生态系统碳通量的过程与机制的国际通用研究方法；模型模拟法适于估算理想条件下的碳蓄积和碳通量，与遥感技术相结合，可估算大空间尺度上生态系统的碳蓄积和土地利用变化对碳蓄积的影响。

目前，国内外对如何计算森林生态系统碳固定与碳蓄积的经济价值争议很大，存在的主要方法有碳税法、造林成本法、变化的碳税法、温室效应损失法、排放许可的市场价格法、人工固定 CO_2 成本法和避免损害费用法等。Pearce 等（1996）对碳的固定成本进行了综述：按照 1990 年不变价格，碳的固定成本为 5～125 \$/t C；按照 2000 年不变价格，碳的固定成本为 6～160 \$/t C。2002 年，英国政府经济服务部（UK Government Economic Service）和英国环境、食品及乡村事务部（Department for Environment，Food 和 Rural Affairs）推荐的碳价格为 70 £/t C（105 \$/t C），其价格上限和下限分别为 140 £/t C 和 35 £/t C（Clarkson 和 Deyes，2002）。Tol 等（2005）收集了 103 个碳价格，对其构建了"概率密度函数"，发现碳价格的众数为 2 \$/t C，中位数为 14 \$/t C，平均值为 93 \$/t C，95 百分位为 350 \$/t C。据此，Tol（2005）认为 CO_2 的边际损害成本不可能超过 50 \$/t C。比较而言，国内对碳价格的研究较少，对森林生态系统碳固定和碳蓄积的经济价值计算多应用碳税法和造林成本法（王景升等，2007；肖寒等，2000；余新晓等，2005）。对于碳税率的标准，不同国家也存在显著差异，如瑞典政府提议碳税率以 150 \$/t C 为标准，挪威碳税率为 227 \$/t C，美国碳税率仅为 15 \$/t C。根据中国造林成本确定的固碳价格为 273.3 元/t C（侯元兆等，1995；余新晓等，2005）和 260.90 元/t C（中国生物多样性国情研究报告编写组，1997；赵同谦等，2004）。由于不同的价值化方法中碳价格的显著差异性，造成了森林生态系统碳固定和碳蓄积价值评估结果的巨大差异。此外，森林生态系统固碳价值是否应考虑边际价值也值得研究，有研究测算得出 1991—2000 年固碳的价格为 20.4 \$/t C，2001—2010 年为 22.9 \$/t C，

2011—2020 年为 25.4 \$/t C，2021—2030 年为 27.8 \$/t C（Sala 和 Paruelo，1997）。谢高地等（2011）在分析碳固定、碳蓄积价值形成原理的基础上，认为工业固碳成本法是一种较适宜的碳汇价值评估方法。

b. 碳汇价值动态研究

碳汇服务动态过程同时在微观和宏观时间尺度上展现。目前，年尺度上的研究相对较多，且主要集中在国外；微观时间尺度上的研究较少，主要在国内。年尺度上的研究主要以树种的生命周期为研究时长，分析不同年份、不同组分（立木、枯枝落叶、土壤等）碳蓄积量的变化。比如，Creedy 等（2001）研究了维多利亚汤姆逊流域活立木植被的木材生产、涵养水源和碳蓄积在不同生长年份的价值，分析了树木实现最优价值的生命周期。Brainnard 等（2009）研究了英国的云杉和山毛榉种植后 150 年内活立木、地表枯枝落叶、土壤、木材制品、产品和制造过程中的碳通量，并以 2001 年为基价，计算了这两个树种碳蓄积的现价。Maraseni 等（2011）运用成本收益法，比较分析了种植作物、放牧和种树三种土地利用方式的收益大小。在不考虑碳蓄积收益时，种植作物是最好的选择，其次是放牧和种树；在考虑碳蓄积收益时，种树是最好的选择，其次是放牧和种植作物。Ramlal 等（2009）运用 CFS-AFM（the Canadian Forest Service Afforestation Feasibility Model）评价了研究区域植树造林的价值，包括木材、碳蓄积和城市生物污泥的价值。Bunker 等（2005）基于巴拿马热带雨林实验基地，构建了 18 种物种灭绝情景，研究了生物多样性与植被地上碳储量的关系，表明热带雨林的碳蓄积能力与物种组成有很强的关系。这些研究都是从森林资产的角度出发，评价在一定的碳单价和贴现率下森林生态系统碳库价值的大小，不能体现碳汇价值的形成过程。微观尺度上，主要研究的是生态系统碳固定服务的动态变化过程。李士美等（2010a）研究了千烟洲人工林碳固定价值的日变化过程。因此，非常有必要研究森林、草地和农田等生态系统碳汇服务价值在年内和年际间的流动过程，对比分析各类生态系统碳汇服务价值的形成过程，制定出适合我国的碳汇服务价值评价方法。

1.2.2.2　水源涵养

森林、草地和农田等生态系统中的植被、枯枝落叶层和土壤具有截留降水和存储水分的作用，因此可以起到增加土壤水分含量、调节径流、净化水质和改善小气候的作用。生态系统的水调节功能包括自然灌溉和排水、调节洪枯和径流等（de Groot et al.，2002）。生态系统水调节服务价值的大小，比如提供水量和净化水质，取决于植被的好坏（Pert et al.，2010）。目前，关于森林、草地的水源涵养服务的研究较多，但是所包括具体评估指标不尽相同，物理量计算方法也各异；价值量计算方法主要有水资源费法和替代工程法。

a. 森林水源涵养服务评估

森林通过林冠层、枯枝落叶层和土壤层等三个水文作用层对降雨的截留、吸持，削弱了降雨侵蚀力；通过枯枝落叶和根系作用，改善土壤结构，提高土壤的抗冲、抗蚀性能，增加土壤渗透率，延长径流形成时间，减少地表径流量；削弱洪峰流量，增加枯水期流量，起到良好的水源涵养的作用（杨玉盛，1999）。截至目前，关于森林生态系统水源涵养的定义和内涵尚不统一。有的学者认为森林生态系统水源涵养量，是指森林土壤的拦截、渗透与储藏雨水的数量（程根伟和石培礼，2004）。这只是从土壤保持水分的方面给出的定义。还有学者认为森林生态系统的水源涵养功能是指森林拦蓄降水、涵养土壤水分和补充地下水、调节河川流量功能（张文广等，2007）。这个概念定义了森林水源涵养的最终结果，尚未包含其过程。在此，我们认为比较全面的定义为：森林的水源涵养功能是指森林生态系统通过林冠层、枯落物层和土壤层拦截滞留降水，从而有效涵蓄土壤水分和补充地下水、调节河川流量、净化水质的功能（张彪等，2008，2009）。

基于对水源涵养功能内涵的不同理解，森林水源涵养的计算方法也不同，有土壤蓄水能力法、综合蓄水能力法、林冠截留剩余量法、水量平衡法、降水储存量法、年径流量法、地下径流增长法、多因子回归法等几种方法（张彪等，2009）。实际上，这些方法计算的是水源涵养的不同部分。其中，蓄水能力法和水量平衡法是目前应用较多的两种方法。区域水量平衡法主要基于区域的降水量、蒸散量和径流量等指标进行计算；但是核算的部分不尽相同，有的将降水量扣除蒸散量和地表径流量核算为水源涵养量（吴钢等，2001），有的将降水量扣除蒸散量作为水源涵养量，未扣除地表径流量（杨锋伟等，2008；张彪等，2008；张彩霞等，2008）。区域水量平衡法是目前计量水源涵养功能最为有效也最为常用的方法，不过它是针对研究区整体进行的评价计量，有助于反映区域森林涵养水源的整体状况，但是难以反映评价区域内部水源涵养功能的差异（张彪等，2008）。对于森林生态系统来说，多种水源涵养功能同时并存，因此，水源涵养服务的综合评价是今后的发展趋势。

在单一功能方面，时忠杰等研究了单株华北落叶松树冠穿透降雨的空间特性（时忠杰等，2006）以及六盘山华北松林降雨再分配和空间变异特征（时忠杰等，2009）；朱金兆等分析了森林枯落物及苔藓层的截留及持水能力（朱金兆等，2002）；莫菲等分析了六盘山华北落叶松林和红桦林枯落物持水特征及其截持降雨过程（莫菲等，2009）；吴建平等评价了湘西南沟谷森林土壤涵养水源的能力（吴建平等，2004）；丁访军等评价了赤水河下游不同林地类型土壤物理特性及其水源涵养功能（丁访军等，2009）。综合功能方面，陈引珍等（2009）评价了缙云山几种林分水源涵养和保土功能，包括林冠层、枯枝落叶层和土壤层拦蓄降水和保土等几个方面的功能。刘学全等（2009）评价了丹江口库区的主要植被类型的水源涵养综合功能，包括林冠截留降水、土壤蓄水和凋落物持水等几个方面的功能。莫菲等（2011）评价了东灵山林区不同森林植被水源涵养的综合功能，指标包括林冠截留率、树干径流率、枯落物持水量、土壤饱和持水量、土壤稳渗率、地表径流量和土壤侵蚀量等几个方面。李双权等（2011）计算并分析了长江上游森林水源涵养功能及空间分布特征，包括林冠层涵养水量、枯落物层涵养水量和土壤层的水源涵养量。张彪等（2010）计算了太湖地区森林生态系统的水源涵养功能，包括枯枝落叶层和土壤层的水源涵养功能。森林水源涵养功能的计算包括森林林冠的截留及再分配，枯落物及苔藓层的截留及持水能力，土壤的持水能力等，即森林水源涵养功能是林冠层、枯落物层和土壤层水源涵养功能的总和（刘世荣等，1996）。

关于森林生态系统水源涵养的动态分析多是基于森林植被面积的改变，比如张文广等（2007）运用岷江上游 30 年的森林面积变化数据分析了该区域森林生态系统水源涵养量及价值的变化情况。这种分析并不能反映森林生态系统水源涵养服务的形成过程。

在森林生态系统涵养水源服务及其价值评估方面存在的争议主要有两方面：一方面是水源涵养量物理量的核算应该包括哪几个部分，采用什么方法计算合理；另一方面是水源涵养价值量应该用何种方法计量。这两个问题的解决都有必要从生态系统涵养水源的过程出发，分析水源涵养功能的发挥过程，在此基础上结合人类的利益，探究水源涵养服务的形成原理和过程。因此，本研究选用综合评价法进行分析，主要包括森林生态系统水调节和水供给服务。

b. 草地水源涵养服务评估

草地土壤及草根层对降水有渗透和储蓄作用；草层或草根层对地表蒸发有分散、阻滞、过滤作用；草地植被有保护积雪、延缓积雪消融、调节雪水地表径流的作用。草地生态系统的水源涵养能力在山地、丘陵及河流源头等地区显得尤为重要，在这些地区，它可以起到很好的调节径流、消洪补枯的作用（李文华等，2008）。草地植被对于提高或维持地下水水位、调节地表径流和保障土壤含水量具有重要作用。相对于林地来说，草地涵养水源作用主要体现在土壤蓄水作用上（王静等，2006）。据测定，相同的气候条件下草地土壤含水量较裸地高出90％以上（中华人民共和国农业部畜牧兽医司，1996）。

土壤水分的平衡随植被的覆盖率变化的情况（上升或下降）取决于立地条件，笼统地讲"植被覆盖率越高越好"、或"植被覆盖率一概不宜过高"未免失之偏颇（高琼等，1996）。王根绪等（2003）的研究表明高寒草甸草地植被覆盖度与土壤水之间具有显著的相关关系，尤其是20cm深度范围内土壤水分随植被盖度呈二次抛物线性趋势增加。李元寿等（2010）通过对不同高寒草甸覆盖下，青藏高原多年冻土活动层土壤水分随季节变化的观测，得出土壤冻融的相变水量对植被覆盖度变化响应明显，植被覆盖度降低，土壤冻结和融化相变水量增大。由于不同种类草本植物生长状况不同，导致地表覆盖度、蒸散量及径流有一定的差异，所以，不同类型草地土壤水分含量及其分布有一定差别（姜峻等，2010）。不同盖度下高寒草甸的实际蒸散量均表现为：生长期 > 生长后期 > 生长前期 > 冻结期，而且生长期的蒸散量要远大于其他时期（范晓梅等，2010）。朱连奇等（2003）研究表明植被的覆盖度和径流系数呈负线性关系，随着覆盖度的增加径流系数逐渐减小。草被覆盖度（C）和径流系数（Q）之间的关系方程为：$Q = -0.3187C + 36.403$（$R^2 = 0.9337$）。罗伟强等（1990）的研究表明，径流量与覆盖度呈负对数关系，即：

$$Q = 9622.348 - 1975.345 \ln C, \quad r = -0.833$$

目前，关于草地生态系统水源涵养服务的计算方法主要有土壤蓄水能力法（闵庆文等，2004）、水量平衡法（鲁春霞等，2004；石益丹等，2007）和降水贮存法（赵同谦等，2004；姜立鹏等，2007；于格等，2007）。

c. 农田水源涵养服务评估

农田生态系统中的植被层、根系和土壤不仅起着固水和调水作用，而且人类的耕种措施影响着农田生态系统水源涵养功能的发挥——促进水源涵养功能发挥或加速水土流失加剧。农田水土保持措施早已受到极大关注，相关研究取得了显著成果。尽管农田的水源涵养服务价值可能没有森林和草地高，但是农田作物在一定程度上还是起着拦蓄降水和调节径流的作用。农田生态系统的水源涵养服务主要体现在土壤蓄水上。目前，关于农田生态系统水源涵养服务的计量主要有土壤蓄水能力法（杨志新等，2005；赵海珍等，2004）、水量平衡法（张彩霞等，2008）、差值法（Sun et al.，2007；唐衡等，2008）等方法，其中，土壤蓄水能力法的应用最为普遍。

1.2.2.3　土壤保持

植被覆盖是影响土壤侵蚀的最主要因素（张彪等，2004），生态系统承担着重要的土壤保持服务功能。土壤侵蚀可以划分为水力侵蚀、风力侵蚀、冻融侵蚀以及复合侵蚀类型，植被在防治各种类型的土壤侵蚀中都起着重要的作用。目前，生态系统土壤保持服务价值评估的基本思路已经形成，即土壤保持量为潜在土壤侵蚀量减去现实土壤侵蚀量。土壤侵蚀量的计算主要有两种方法：一种是根据土壤侵蚀国家标准进行潜在侵蚀量和现实侵蚀量的计算，这主要针对大的空间尺度上的评估；另一种是运用土壤侵蚀模型进行计算，适用于任何空间尺度。已有的研究在评估土壤保持价值时，大多并未明确区分侵蚀类型区。

本研究主要目的是刻画局域尺度生态系统土壤保持服务价值的动态过程，因此，采用侵蚀模型进行计算。不同侵蚀营力条件下，土壤侵蚀模型不同。水力侵蚀和风力侵蚀是比较常见的、分布面积比较大的两种侵蚀方式，侵蚀模型研究相对较成熟，因此，本文选择水力和风力两种土壤侵蚀条件下的生态系统，利用水力侵蚀模型和风力侵蚀模型分别进行计算、分析和对比。根据土壤侵蚀国家标准，水力侵蚀主要分布在我国的东北部、东部和东南部，风力侵蚀主要分布在西北部和东部沿海地区。根据所选择的野外台站的分布，本研究中的森林和农田生态系统属于主要水力侵蚀区，草地生态系统属于主要风力侵蚀区。

a. 水力侵蚀下的土壤保持价值评估

水力侵蚀条件下的土壤保持研究相对较完善，物理量主要运用通用土壤侵蚀方程（USLE）进行计算（刘敏超等，2005；韩永伟等，2007）；土壤保持价值可以分为保持土壤养分价值、减少土地废弃价值和减少泥沙淤积价值三部分，分别运用影子价格法、机会成本法和工程替代法进行计算。已有的研究成果大多是静态的。这远远不能满足我国典型生态系统土壤保持服务动态对比分析的需求。

b. 风力侵蚀下的土壤保持价值评估

土壤风蚀是我国干旱、半干旱地区严重的生态环境问题之一。我国的温带草原和高寒草甸的土壤侵蚀以风力侵蚀为主（赵焕勋和王学东，1994；巨生成，2002）。草地植被通过分散近地表风动量、削弱风力对地表物质的作用、截留部分被蚀物质等形式抑制风蚀、保护地表（Stephen 和 Nickling，1993），提供重要的土壤保持服务。目前，在草地生态系统服务评估中，核算土壤保持价值的成果很多（谢高地等，2001，2003；王静等，2006；于格等，2007；姜立鹏等，2007；郑淑华等，2009），但是大多是静态的、基于年尺度和区域尺度上的研究，缺少小尺度上的关于草地生态系统土壤保持服务的动态机理和过程研究。

董治宝等（2000）的研究表明空气动力粗糙度同时取决植物密度和风速，总的变化规律是，随着植物密度的增大而增大，随着风速的增大而减小。因此，可以将有无植被覆盖下的土壤侵蚀量之差作为植被覆盖下的土壤保持量。目前，由于风蚀的复杂性，国际上并无统一的风力侵蚀预测模型。国外关于风力侵蚀的模型有年尺度上的风蚀方程（WEQ）、波查罗夫（Bocharov）模型、德克萨斯侵蚀分析模型（TEAM）、风蚀评价模型（WEAM）、修正风蚀方程（RWEQ）等（董志宝等，1999）。这些模型大都是基于田块建立的，适用于农田生态系统。此外，还有事件模型帕萨克（Pasak）模型等。国内有王训明（2001）建立的随机模型，董治宝（1998）

建立的小流域风蚀流失量模型，臧英等（2006）建立的旱地保护性耕作土壤风蚀模型。

风力侵蚀条件下，土壤保持价值可以分为保持土壤养分价值、减少土地废弃价值和减少沙尘天气价值三个主要部分。

1.2.2.4 生物多样性保持

a. 生物多样性与生态系统服务

生物多样性是人类赖以生存和发展的基础，包括三个不同的层次：生态系统多样性、物种多样性和遗传（基因）多样性。在所有层次的生物多样性中，物种多样性是基础。生态系统服务与生物多样性之间的关系比较复杂，一方面，生物多样性是保障生态系统平衡、协调发展的基本条件，影响着生态系统服务的发挥，提供着重要的生态系统服务，比如药材、生物质和建筑原材料等（MA，2005）；另一方面，生态系统为生物的生存和发展提供了栖息地，起着重要的生物多样性保护作用。目前，人类尚未完全掌握两者之间的关系，但是，已经证明保护生态系统服务的同时也是保护生态多样性。

已有的研究结果表明草地生态系统生物多样性的增加会提高和稳定生态系统生产力（Weigelt et al.，2008；Tilman et al.，2006），增加土壤碳蓄积量（Steinbeiss et al.，2008）和营养保存量（Scherer et al.，2003），使生态系统服务功能稳定。还有一些研究表明，生物多样性与生态系统生产力、动植物种群、土壤参数呈正相关关系，但是也有研究表明，生物种类对生态系统服务的影响比生物多样性更强（Nadrowski et al.，2010）。生物多样性和净生态系统生产力之间紧密相连，其中一个因子的变化会引起另外一个因子的变化。Costanza 等（2007）运用多元回归方法研究了点和生态区域两种尺度上生物多样性（用物种丰富度表示）和净生态系统生产力之间的关系，此外，还分析了生物多样性和生态系统服务价值之间的关系。研究结果表明，在较高的温度变化范围内（地球上绝大部分生物的生存范围）1%的生物多样性的变化将引起0.5%的生态系统服务价值的变化。

　　生态系统服务的提供离不开生物多样性，生态系统研究比生物多样性研究涉及了更多的地区、人群、政策和资金支持。因此，在研究生物多样性中，通常有生态系统服务的研究，反之亦然（Pert et al.，2010）。生态系统提供的生态服务包括野生动植物的保护和生物多样性的维持，反过来，野生动植物和生物多样性能为人类提供休闲娱乐功能。Knoche 等（2007）利用随机效用旅行费用模型（Random Utility Travel Cost Model）评估了农田生态系统提供的白鹿支持服务潜在价值的大小，以及由此带来的狩猎者的休闲娱乐价值。

　　b. 生物多样性保持服务评估

　　本书中生态系统生物多样性保持服务是指生态系统为生物物种提供生存和繁衍的场所。在此，物种多样性保持价值属于生态系统服务的非使用价值范畴。目前，关于生物多样性保持价值的评估仍然处于探索阶段。国内外的相关研究多采用支付意愿法（薛达元，2000；中国生物多样性国情研究报告编写组，1998；靳芳，2005）。此外，2008 年国家林业局发布的《森林生态系统服务功能评估规范》建议采用 Shannon-Wiener 指数衡量生态系统物种多样性，张永利等（2010）利用该方法评估了全国森林物种多样性保育价值。相比较而言，Shannon-Wiener 指数法的主观因素影响较小，便于进行生态系统之间的横向比较和生态系统内部的纵向比较。

1.3　研究方案

1.3.1　研究目的

　　本书是基于我国生态系统野外台站（CERN 和 ChinaFLUX）的观测数据，通过分析现有关于生态系统碳汇服务、水源涵养、土壤保持和生物多样性保持服务及价值评估方法，选择或者创建适宜的评估方法，刻画我国不同典型生态系统碳汇服务、水源涵养、土壤保持和生物多样性保持服务及价值的动态变化，对比分析它们之间的差异，探讨其形成过程，以期丰富生态系统服务价值评估和生态系统服务及价值动态过程的研究工作。

1.3.2　研究内容

本书主要以我国生态系统野外台站和文献数据为基础，选择具有代表性的森林、草地和农田生态系统类型，以日、月和年为时间尺度，研究碳汇服务、水源涵养、土壤保持、生物多样性保持等几类典型生态系统服务及价值的流量过程，刻画生态系统服务价值的动态变化特征。

1.3.2.1　碳汇服务

选择长白山森林生态系统定位研究站（CBF）、千烟洲红壤丘陵区综合开发试验站（QYF）、鼎湖山森林生态系统定位研究站（DHS）、内蒙古草原生态系统定位研究站（NMG）、海北高寒草甸生态系统定位研究站（HBG）、禹城农业综合试验站（YCA）为研究站点，采用涡度相关法，计算年内生态系统固定碳的物理量，采用人工固碳法计算价值量，刻画年内各生态系统碳固定服务及价值的流量过程，对比分析森林、草地和农田生态系统年内碳固定服务的动态特征。

以现有生物量生长方程以及植被含碳量为基础，采用人工固碳法，刻画森林生态系统碳汇服务及价值在年际之间的变化曲线，揭示森林生态系统在生命周期内碳汇服务的动态变化规律。

1.3.2.2　水源涵养

运用综合评价法、水资源费法和替代工程法，评价长白山森林生态系统定位研究站（CBF）、鼎湖山森林生态系统定位研究站（DHS）、西双版纳热带季节雨林生态系统定位研究站（BNF）4 种类型森林生态系统的水调节和水供给服务及价值，刻画 4 种类型森林的水源涵养服务及价值在年内动态变化过程曲线，并进行对比，分析其差异。

运用土壤含水量法和替代工程法，评价内蒙古草原生态系统定位研究站（NMG）、海北高寒草甸生态系统定位研究站（HBG）等草地生态系统的水调节服务的价值，刻画两种类型草地的水源涵养服务价值在年内的动态变化过程曲线，并进行对比，分析其差异。

运用土壤含水量法和替代工程法，评估禹城农业综合试验站（YCA）、常熟农业生态系统试验站（CSA）和千烟洲农业生态系统（QYZ）等农田生态系统水调节服务及价值，刻画两种类型农田的水源涵养服务价值在年内和年际间的变化过程曲线，并进行对比，分析其差异。

对比分析森林、草地和农田生态系统水源涵养服务及其价值的年内动态特征，探讨不同类型生态系统水源涵养服务的供给规律。

运用综合评价法，分析了北京东灵山暖温带落叶阔叶林的调节水量在年内的变化过程。

1.3.2.3 土壤保持

以长白山森林生态系统定位研究站（CBF）、千烟洲红壤丘陵区综合开发试验站（QYF）、鼎湖山森林生态系统定位研究站（DHS）、西双版纳热带季节雨林生态系统定位研究站（BNF）为研究站点，运用通用土壤流失方程（USLE）计算日尺度、月尺度和年尺度上的土壤保持量，采用影子价格法、机会成本法和替代工程法计算土壤保持价值，评价各森林生态系统土壤保持服务及价值，刻画并对比分析不同森林生态系统土壤保持服务及价值的年内动态变化过程。

以内蒙古草原生态系统定位研究站（NMG）、海北高寒草甸生态系统定位研究站（HBG）为研究站点，运用风蚀模型，计算日尺度、月尺度和年尺度上的土壤保持量，采用影子价格法、机会成本法和替代工程法计算土壤保持价值，刻画并对比各草地生态系统土壤保持服务及价值的年内的动态变化过程。

我国农田生态系统分布广泛，土壤侵蚀情况复杂，既有以风力侵蚀为主的，也有以水力侵蚀为主的，基于数据可获得性，本研究主要选取黄土高原区的盐亭农田生态系统野外站（YTA）和长武农田生态系统国家野外站（CWA）为研究站点，运用通用土壤流失方程（USLE）计算日尺度、月尺度和年尺度上的土壤保持量，采用影子价格法、机会成本法和替代工程法计算土壤保持价值，刻画并对比分析不同农田生态系统土壤保持服务及价值的年内动态变化过程。

对比分析森林、草地和农田生态系统土壤保持服务及其价值的年内动态变化过程，探讨不同类型生态系统提供土壤保持服务的规律。

运用土壤流失方程（USLE）研究了北京东灵山落叶阔叶林土壤保持量在年内的变化过程。

1.3.2.4　生物多样性保持

生态系统在保育物种多样性方面起最主要的作用，物种多样性主要在年际之间发生变化。因此，本研究主要以长白山森林生态系统定位研究站（CBF）、千烟洲红壤丘陵区综合开发试验站（QYF）、鼎湖山森林生态系统定位研究站（DHS）、西双版纳热带季节雨林生态系统定位研究站（BNF）为研究区域，运用 Shannon-Wiener 指数，评估和分析不同类型森林生态系统的生物多样性维持价值，刻画年际之间的价值动态变化过程曲线。

1.3.3　研究思路

首先，在文献阅读的基础上，确定森林、草地、农田生态系统的重点生态系统服务类型为碳汇服务、水源涵养、土壤保持、生物多样性保持等；其次，分析 4 种生态系统服务在不同生态系统类型中的内涵及差异；之后，以 CERN、ChinaFLUX 以及文献数据为研究基础，运用适宜的物理量方法和价值量方法，刻画日尺度、月尺度和年尺度上不同生态系统类型提供上述 4 种生态服务的物理量和价值量流量过程；然后，对比同一种生态系统服务动态变化特征在不同类型生态系统之间的差异；最后，根据上述研究成果，探讨、总结4种生态系统服务提供的规律，包括影响因素、变异特征等；在此基础上确定适合我国国情的生态系统服务价值评估方法。研究思路框架如图1.2所示。

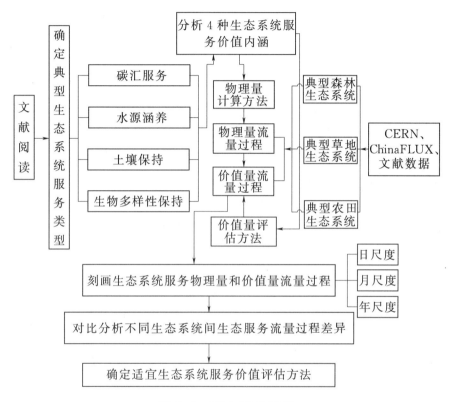

图1.2　研究思路框架

第2章　研究区概况

本章从中国生态系统研究网络（CERN）和中国通量观测研究联盟（ChinaFLUX）选择典型的森林、草地和农田生态系统作为研究区域。森林生态系统从北到南有：长白山温带森林生态系统、东灵山暖温带落叶阔叶林、千烟洲亚热带人工针叶林、鼎湖山南亚热带常绿阔叶林、西双版纳热带季节雨林；草地生态系统从东到西有内蒙古温带草原、海北高寒草甸、当雄高寒草甸；农田生态系统有禹城暖温带农田、常熟亚热带农田、盐亭亚热带农田和长武暖温带农田。各站点的植被和土壤信息如表2.1所示。

表 2.1　　　　　　　各站点的植被和土壤类型信息

站点名称	植被类型	土壤类型	年平均气温/℃	多年平均年降水量/mm
长白山	以红松为主的红松阔叶混交林	山地暗棕色森林土	3.5	700～800
东灵山	暖温带落叶阔叶林	棕壤	2～8	600
千烟洲	林分大多是1985年前后营造的人工针叶林	红壤	17.8	1461
	农作物主要为两季稻	水稻田		
鼎湖山	季风常绿阔叶林	赤红壤和黄壤	21	1956
西双版纳	热带季节雨林	砖红壤和赤红壤	21.5	1557
内蒙古	以羊草群落和大针茅群落为主	栗钙土	0.96	333.5
海北	多年草本植物群落-高寒草甸植被类型	在平缓滩地或山地阳坡为草毡寒冻雏形土、山地阴坡为暗沃寒冻雏形土、沼泽地为有机寒冻潜育土	−1.7	426～860

续表

站点名称	植被类型	土壤类型	年平均气温/℃	多年平均年降水量/mm
当雄	草原化嵩草草甸	草甸土	1.7	459.6
禹城	主要以冬小麦-夏玉米为主要作物，一年两熟	土壤母质为黄河冲积物，以潮土和盐化潮土为主，表土质地为轻-中壤土	13.2	530
常熟	水稻、小麦、油菜和棉花，一年两熟	成土母质为湖积物，其上发育的土壤为潜育型水稻土	15.4	1054
盐亭	冬小麦、夏玉米，两年三熟	石灰性紫色土	17.3	836
长武	冬小麦、春玉米、马铃薯、高粱、糜子、豆子等	黑垆土	9.1	580

碳汇服务中所用的 ChinaFLUX 各站点的数据，代表该站点的生态系统类型。水源涵养服务、土壤保持以及生物多样性保持服务所用各站点的综合观测样地数据。各样地信息如表 2.2 所示。

表 2.2 样 地 信 息

站点名称	植被	坡度和坡向	土壤类型
长白山	温带阔叶红松林	坡度为 2°，坡向北	棕色针叶林土
东灵山	落叶阔叶林	坡度为 36°，坡向西北	棕壤
鼎湖山	亚热带季风常绿阔叶林	坡度为 25°～35°，坡向东北	赤红壤
西双版纳	热带季节雨林	坡度为 12°～18°，坡向北	砖红壤
内蒙古	羊草草原	位于平缓的丘陵宽谷	暗栗钙土
海北	高寒矮嵩草草甸	坡度小于 5°	寒冻毡土
禹城	暖温带冬小麦-夏玉米田	地形起伏不大	潮土
常熟	亚热带小麦-水稻田	地势平坦	乌栅土
千烟洲	亚热带人工针叶林	坡度为 28°～13.5°	红壤
盐亭	亚热带小麦-玉米田	坡度为 5°	石灰性紫色土
长武	暖温带小麦-玉米田	坡度小于 5°	黑垆土

第3章 碳 汇 服 务

众所周知，在未来的 20~200 年气候变化有可能带来严重的后果，温室气体的排放是造成气候变化的主要原因。CO_2 是温室气体的主要成分，对温室效应的贡献达到 55%。生态系统起着重要的碳汇作用，生态系统碳汇研究已经成为生态系统服务研究的热点，相关成果主要集中在碳蓄积量、格局、碳汇价值、影响因素和动态变化等。尽管目前在碳汇经济价值的评估中存在着一些不确定性因素，但是衡量碳汇经济价值的意义重大（Brainard et al.，2006）。为了更好地规划和管理生态系统，有必要研究和分析生态系统服务价值随着时间变化而呈现的动态过程。作为生态系统服务价值的重要部分之一，关于生态系统碳汇价值的动态变化过程的研究自然非常重要。生态系统服务为人类提供的生态服务强度随时间而呈动态变化，一般与植被生长曲线相关（谢高地等，2005）。谢高地等（2011）论证了碳汇效用价值形成的现实基础，并以此为依据，提出了理论上碳汇价值的构成与度量方法。根据谢高地等的研究成果，森林吸收、蓄积 CO_2 的过程为碳汇，那么碳蓄积价值和碳固定价值之和可被称为碳汇价值。

本章在 ChinaFLUX 通量观测数据的基础上，研究典型森林、草地和农田生态系统固碳释氧服务物理量流量过程和价值量累积过程的年内动态变化特征，以期揭示固碳释氧服务及其价值的形成过程和动态变化过程，比较不同森林、草地和农田生态系统固碳释氧服务过程的区别。此外，还根据树木的生长方程和碳含量，刻画樟子松碳汇服务在年际之间的变化过程曲线，以期揭示森林植被的碳固定和碳蓄积价值在年际之间的变化规律。

3.1 年内动态过程

3.1.1 研究方法

3.1.1.1 理论模型

生态系统的固碳释氧过程是伴随着生态系统内的植物、微生物生长过程进行的，是一个连续的累积过程。设 s_t 为某一种生态系统服务在时间 t 时提供的固碳或者释氧服务流量，生态系统服务流量是时间的函数：

$$s_t = q(t)$$

在特定时间段特定规模的生态系统所提供的固碳释氧总量则应为该函数的积分：

$$S_T = C \int_{t=0}^{T} q(t) \mathrm{d}t$$

式中：C 为该生态系统规模的物质量。

3.1.1.2 研究方法

目前，国外关于生态系统碳物理量的计算方法有 3 种：①根据生物量或者生产力计算；②实验测定值；③根据数学模型求算。国内研究成果多是采用①计算法，数据源有森林、草地等的清查数据、野外台站监测数据、实验数据以及遥感反演数据等。本章采用生态台站监测的净生态系统碳交换量计算生态系统固定的 CO_2 量，描绘碳固定服务流量和价值累积过程。由于净生态系统碳交换量不仅考虑了植被碳吸收，还考虑了土壤生物呼吸，因而该方法比用生物量或者生产力计算的结果更接近生态系统的真实状态。计算公式如下：

$$N_{CO_2} = -NEE \cdot 3.67 \cdot 10 \tag{3.1}$$

式中：N_{CO_2} 为生态系统碳固定物理流量，$kg \cdot hm^{-2} \cdot d^{-1}$；3.67 为 CO_2 与碳质量的转换系数；10 为单位转换系数。

国内外计算生态系统碳固定价值的方法也很多，主要有碳税法、变化的碳税法、造林成本法、温室效应损失法、排放许可的市场价格法、人工固定 CO_2 成本法和避免损害费用法等。Tol 等（2005）收集了 103 个碳价格，对其构建了"概率密度函数"，发现碳价格的众数为 2 \$/t C，中位数为 14 \$/t C，平均值为 93 \$/t C，95 百分位为 350 \$/t C。谢高地等（2011）在分析碳固定、碳蓄积价值形成原理的基础上，认为工业固碳成本法是一种适宜的固碳价值评估方法。本研究采用目前国际上从燃煤电厂或燃气电厂捕获碳成本的最低价格 15 \$/t CO_2 作为标准价格。价值量计算公式为：

$$V_{CO_2} = 15 \cdot N_{CO_2} \cdot 1000 \tag{3.2}$$

式中：V_{CO_2} 为生态系统固定 CO_2 价值，\$ $\cdot$ hm^{-2} $\cdot$ d^{-1}；N_{CO_2} 为生态系统碳固定物理流量，kg $\cdot$ hm^{-2} $\cdot$ d^{-1}；1000 为单位转换系数。

3.1.1.3 数据来源

所用的碳通量生态站点有长白山森林生态系统定位研究站（CBF）、千烟洲红壤丘陵区综合开发试验站（QYF）；海北高寒草甸生态系统定位研究站（HBG）、当雄高寒草甸生态系统定位研究站（DXG）和禹城农业综合试验站（YCA）。基础数据由 ChinaFLUX 提供，时间尺度为日，数据项目为 2005 年、2006 年和 2007 年的净生态系统碳交换量（NEE），本研究采用三年的平均值进行分析。所用的数据处理和作图软件为 Origin 8.0 和 SPSS 14.0。

3.1.2 结果分析

3.1.2.1 物理量动态过程

首先以日为时间尺度，研究森林、草地、农田三类生态系统吸收 CO_2 和排放 O_2 的流量过程。

a. 日流量变化过程

长白山固定 CO_2 的日流量年内变化较规律——高值和低值分布较集中，曲线呈现明显的倒 U 形态；千烟洲在年内高值和低值交替频繁，曲线的峰型不明显（图 3.1）。长白山和千烟洲森林生态系统吸收 CO_2 的日流量变化幅度分别为：$-55.61\sim204.65$ kg·hm^{-2}·d^{-1}、$-41.91\sim142.21$ kg·hm^{-2}·d^{-1}。其中长白山的波动幅度大于千烟洲；年内均值分别为 29.11 kg·hm^{-2}·d^{-1} 和 48.42 kg·hm^{-2}·d^{-1}。综上可见，温带针阔叶混交林固定的 CO_2 日流量具有明显的季节特征，而亚热带人工针叶林固定 CO_2 日流量季节变化特征不太明显。

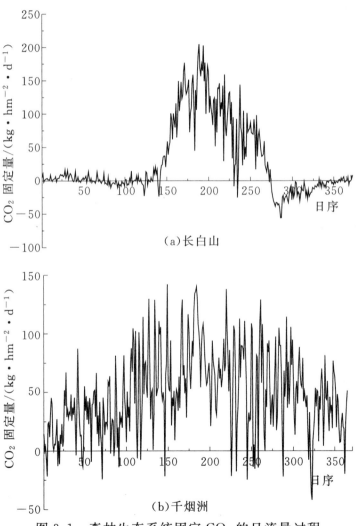

图 3.1 森林生态系统固定 CO_2 的日流量过程

　　两种草地生态系统固定 CO_2 的日流量年内高值和低值交替频繁，呈现明显峰值（图 3.2）。当雄草甸吸收 CO_2 的日流量年内波动幅度较小，为 $-26.48 \sim 41.56$ kg·hm^{-2}·d^{-1}；相对而言，海北草甸生态系统吸收 CO_2 的日流量年内波动幅度较大，为 $-41.91 \sim 142.21$ kg·hm^{-2}·d^{-1}，变化幅度约为当雄草甸变化幅度的两倍。当雄草甸吸收 CO_2 的日流量年内均值大于海北草甸，分别为 -4.22 kg·hm^{-2}·d^{-1} 和 6.49 kg·hm^{-2}·d^{-1}。当雄高寒草甸吸收 CO_2 的年总值为负值，表现为向大气排放 CO_2。海北高寒草甸吸收 CO_2 总量为正值，表现为吸收大气中的 CO_2。

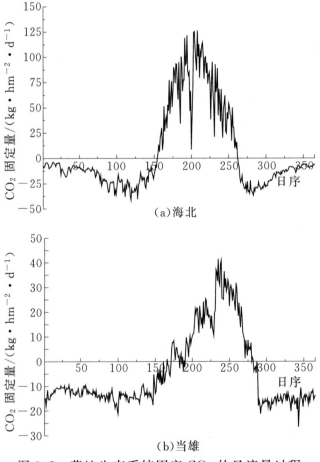

图 3.2　草地生态系统固定 CO_2 的日流量过程

禹城农田生态系统吸收 CO_2 的日流量曲线呈现双峰型（图3.3），这是由于禹城农田试验站的作物种植制度以冬小麦/夏玉米轮作一年两熟制，在冬小麦和夏玉米的生长期内各出现一个峰值。CO_2日流量年内波动范围大，为 $-180.02\sim464.53$ kg·hm^{-2}·d^{-1}；年内均值为 53.59 kg·hm^{-2}·d^{-1}，表现为吸收大气中的 CO_2。

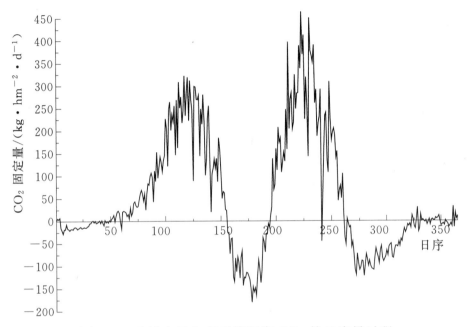

图 3.3 禹城农田生态系统固定 CO_2 的日流量过程

比较森林、草地和农田生态系统固定 CO_2 日流量变化特征发现：①长白山温带针阔叶混交林、当雄高寒草甸和海北高寒草甸固定 CO_2 的日流量曲线呈现明显的单峰形态，千烟洲亚热带人工针叶林的曲线峰型不明显；禹城农田生态系统吸收 CO_2 的日流量曲线呈现明显的双峰型。②禹城农田生态系统吸收 CO_2 的日流量年内变化幅度最大，为 644.55 kg·hm^{-2}·d^{-1}；其后依次是长白山温带针阔叶混交林（260.26 kg·hm^{-2}·d^{-1}）、千烟洲亚热带人工针叶林（184.12 kg·hm^{-2}·d^{-1}）、海北干旱草甸（184.12 kg·hm^{-2}·d^{-1}）和当雄高寒草甸（68.04 kg·hm^{-2}·d^{-1}）；草原的变化幅度都排在后面。③五种生态系统类型中，CO_2 日流量的最小值出现在禹城农田生态系统，为 -180.02 kg·hm^{-2}·d^{-1}；最大值也出现在禹城农田生态系统，为 464.53 kg·hm^{-2}·d^{-1}。④五种生态系统固定 CO_2 日流量年均值排序依次为禹城＞千烟洲＞长白山＞海北＞当雄。其中，当雄为负值，年内表现为向大气中排放 CO_2。⑤五种生态系统在一年中吸收 CO_2 量为正值的天数，分别为千烟洲 280d，长白山 220d，禹城 196d，当雄 103d，海北 101d。可见，年内森林生态系统吸收 CO_2 日流量为正值的天数多，而草地生态系统为正值的天数少。

b. 月流量变化过程

为了更清楚的描述生态系统固定 CO_2 的季节变化特征，下面研究其月流量变化过程。月流量是在日流量的累积，因此，月流量曲线的变化趋势与日流量的变化趋势一致。

五种生态系统按照 CO_2 月流量的变化幅度由大到小排序，依次为：禹城（变化范围为 $-2608.34 \sim 8628.41$ kg·hm^{-2}·month^{-1}，变幅大小为 11236.75 kg·hm^{-2}·month^{-1}）＞长白山（变化范围为 $-759.70 \sim 4230.64$ kg·hm^{-2}·month^{-1}，变幅大小为 4990.34 kg·hm^{-2}·month^{-1}）＞海北（变化范围为 $-896.39 \sim 2638.00$ kg·hm^{-2}·month^{-1}，变幅大小为 3534.39 kg·hm^{-2}·month^{-1}）＞千烟洲（变化范围为 $511.62 \sim 2451.80$ kg·hm^{-2}·month^{-1}，变幅大小为 1940.19 kg·hm^{-2}·month^{-1}）＞当雄（变化范围为 $-473.80 \sim 746.41$ kg·hm^{-2}·month^{-1}，变幅大小为 1220.21 kg·hm^{-2}·month^{-1}）。

5 种生态系统固定的 CO_2 月流量曲线有明显峰值的有长白山、海北、当雄和禹城；千烟洲的 CO_2 月流量曲线平坦，峰值不明显（图 3.4）。长白山 CO_2 月流量的峰值出现在 6—8 月，持续 3 个月。这 3 个月内的 CO_2 总流量接近年内的总值。千烟洲 CO_2 月流量的变化幅度不大，最大值出现在 7 月，为 2451.80 kg·hm^{-2}·month^{-1}。比较千烟洲和长白山 2 个森林生态系统 CO_2 月流量变化曲线发现，1—5 月千烟洲的 CO_2 月流量曲线处在上方，6 月和 7 月长白山的曲线在千烟洲上方，8 月开始直至 12 月，千烟洲的 CO_2 流量曲线又一直位于长白山之上。海北高寒草甸 CO_2 月流量曲线的峰值出现在 7 月和 8 月，两个月的总流量为 4883.30 kg·hm^{-2}·$month^{-1}$，远远大于年总流量 2370.22kg·hm^{-2}·a^{-1}。当雄高寒草甸的 CO_2 月流量峰值出现在 8 月和 9 月。全年海北草甸和当雄草甸的曲线交叉前进。禹城农田生态系统 CO_2 月流量曲线呈现明显的双峰状态，出现在 5 月和 8 月，分别为小麦和玉米的生长高峰期。6 月小麦收割，10 月玉米收割，因此，CO_2 月流量最小值出现在这两个月。

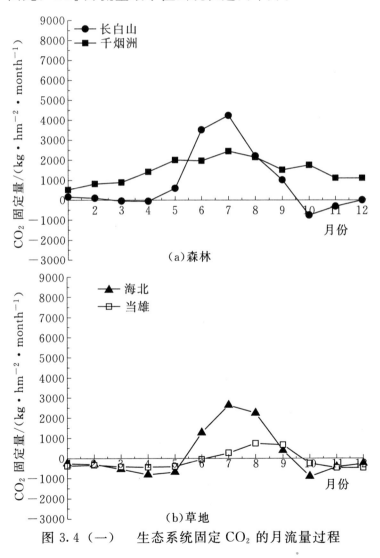

图 3.4（一） 生态系统固定 CO_2 的月流量过程

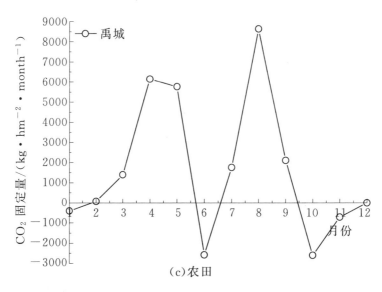

图 3.4 （二） 生态系统固定 CO_2 的月流量过程

12 个月中，千烟洲森林生态系统固定 CO_2 的月流量都为正值，长白山有 3 个月的 CO_2 月流量为负值，海北高寒草甸和当雄高寒草甸分别有为 8 个和 9 个月为负值，千烟洲农田有 2 个月为负值。

3.1.2.2 价值量动态过程

a. 日价值流量过程

首先以日为时间尺度，研究森林、草地、农田三类生态系统固定 CO_2 的价值流量过程特点。

两种森林生态系统类型中，长白山固定 CO_2 日价值年内变化曲线呈现明显的倒 U 形态；千烟洲固定 CO_2 的日价值年内波动幅度小，曲线的峰型不明显（图 3.5）。长白山和千烟洲森林生态系统固定 CO_2 日价值的年内变化幅度分别为：$-0.83 \sim 3.07$ \$ $\cdot hm^{-2} \cdot d^{-1}$、$-0.63 \sim 2.13$ \$ $\cdot hm^{-2} \cdot d^{-1}$，长白山的波动幅度大于千烟洲；年内均值分别为 0.44 \$ $\cdot hm^{-2} \cdot d^{-1}$、$0.73$ \$ $\cdot hm^{-2} \cdot d^{-1}$，千烟洲大于长白山。可见，温带针阔叶混交林固定 CO_2 日价值流量过程具有明显的季节特征，而亚热带人工针叶林固定 CO_2 价值的日流量过程季节变化特征不太明显。

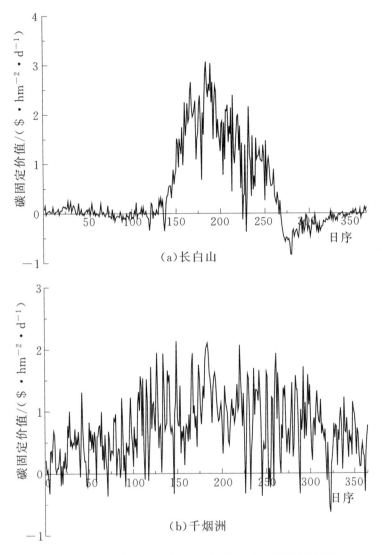

图 3.5 森林生态系统固定碳日价值流量过程

两种高寒草甸生态系统固定 CO_2 日价值流量曲线峰型明显（图 3.6）。当雄草甸固定 CO_2 日价值年内波动幅度小，为 $-0.40 \sim 0.62$ $\$ \cdot hm^{-2} \cdot d^{-1}$；相对而言，海北草甸生态系统固定 CO_2 日价值年内波动幅度大，为 $-0.62 \sim 1.89$ $\$ \cdot hm^{-2} \cdot d^{-1}$，变幅为当雄草甸变化幅度的 2.5 倍。当雄草甸和海北草甸固定 CO_2 日价值年内均值分别为 -0.06 $\$ \cdot hm^{-2} \cdot d^{-1}$ 和 0.10 $\$ \cdot hm^{-2} \cdot d^{-1}$。

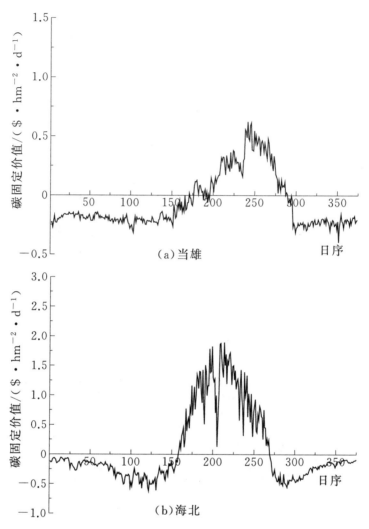

图 3.6 草地生态系统固定碳日价值流量过程

禹城农田生态系统固定 CO_2 价值的日流量曲线呈现双峰型（图 3.7），这是由于禹城农田试验站的作物种植制度以冬小麦/夏玉米轮作一年两熟制，在冬小麦和夏玉米的生长期内各出现一个峰值。日价值年内波动范围大，为 $-2.70 \sim 6.97$ \$ $\cdot$ hm^{-2} $\cdot$ d^{-1}；年内均值为 0.80 \$ $\cdot$ hm^{-2} $\cdot$ d^{-1}，年内表现为吸收大气中的 CO_2。

比较森林、草地和农田生态系统固定 CO_2 日价值流量过程变化特征发现（表 3.1）：①千烟洲亚热带人工针叶林固定 CO_2 日价

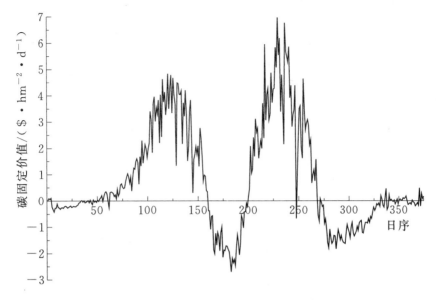

图 3.7 禹城农田生态系统固定碳日价值流量过程

值年内变异最小；海北高寒草甸固定 CO_2 日价值年内变异最大，其次为当雄高寒草甸；长白山温带针阔叶混交林的变异次于禹城农田生态系统。可见，在所研究的自然生态系统中，亚热带生态系统类型固定 CO_2 日价值年内变异最小，其次为温带生态系统类型，高寒生态系统类型的变异最大。②按照生态系统固定 CO_2 日价值年内变化幅度由大到小排序，依次为禹城＞长白山＞千烟洲＞海北＞当雄。③5 种生态系统类型中，CO_2 日价值最小值出现在禹城农田生态系统，为 $-2.70\$ \cdot hm^{-2} \cdot d^{-1}$；最大值也出现在禹城农田生态系统，为 $6.97\$ \cdot hm^{-2} \cdot d^{-1}$。④5 种生态系统 CO_2 日价值年内均值由大到小排序，依次为禹城＞千烟洲＞长白山＞海北＞当雄。⑤5 种生态系统在一年中固定 CO_2 日价值为正值的天数分别为：千烟洲 280d，长白山 220d，禹城 196d，当雄 103d，海北 101d。可见，森林生态系统固定 CO_2 日价值为正值的天数多，而高寒草地生态系统为正值的天数少。

b. 月价值变化特征

生态系统固定 CO_2 月价值变化特征可以更清楚地描述其季节

变化特征。5 种生态系统按照固定 CO_2 月价值变化幅度由大到小排序，依次为：禹城＞长白山＞海北＞千烟洲＞当雄。

表 3.1　　　　　　生态系统固定碳日价值统计描述信息

站点名称	最小值/($\$ \cdot hm^{-2} \cdot d^{-1}$)	最大值/($\$ \cdot hm^{-2} \cdot d^{-1}$)	平均值/($\$ \cdot hm^{-2} \cdot d^{-1}$)	标准差/($\$ \cdot hm^{-2} \cdot d^{-1}$)	变异系数/%
长白山	−0.83	3.07	0.43	−0.83	189.91
千烟洲	−0.63	2.13	0.73	−0.63	73.98
海北	−0.62	1.89	0.10	−0.62	358.71
当雄	−0.40	0.62	−0.06	−0.40	637.15
禹城	−2.70	6.97	0.80	−2.70	245.45

森林生态系统中，千烟洲固定 CO_2 的月价值在 12 个月都为正值，长白山有 5 个月为正值；草地生态系统中，海北有 4 个月为正值，当雄有 3 个月为正值；禹城农田生态系统有 6 个月为正值（图 3.8～图 3.10）。可见，研究的几种生态系统类型中，森林和农田的碳固定时间长于草地生态系统。

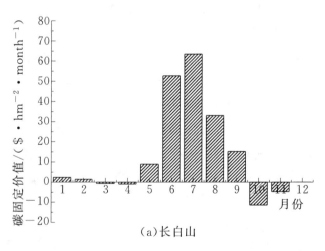

（a）长白山

图 3.8（一）　森林生态系统固定碳的月价值图

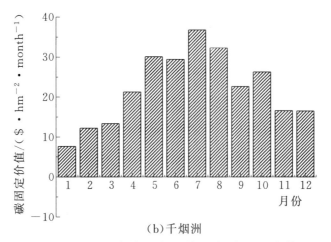

(b)千烟洲

图 3.8（二） 森林生态系统固定碳的月价值图

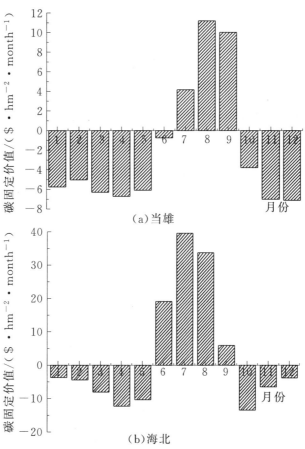

（a）当雄

（b）海北

图 3.9 草地生态系统固定碳月价值图

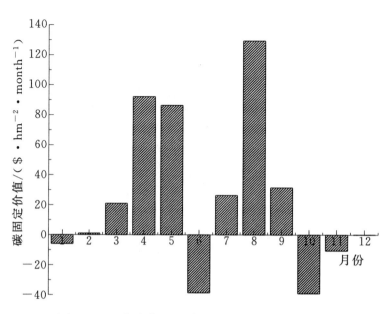

图 3.10　禹城农田生态系统固定碳月价值图

　　5 种生态系统中，固定 CO_2 月价值年内变异最大的是海北高寒草甸，其次为当雄高寒草甸；变异最小的是千烟洲亚热带人工针叶林；长白山温带针阔叶混交林固定 CO_2 月价值年内变异小于禹城农田生态系统；由于人工种植和收割原因，禹城农田生态系统固定 CO_2 月价值变异系数为 216.45%（表 3.2）。比较 4 种自然生态系统固定 CO_2 月价值变异程度发现，亚热带生态系统年内变异最小，其次为温带生态系统，而高寒生态系统年内变异最大，这与日价值的变异规律一致。

表 3.2　　典型生态系统固定碳月价值统计描述信息

站点名称	最小值 /($ · hm^{-2} · month^{-1}$)	最大值 /($ · hm^{-2} · month^{-1}$)	平均值 /($ · hm^{-2} · month^{-1}$)	标准差 /($ · hm^{-2} · month^{-1}$)	C.V /%
长白山	−11.40	63.46	13.28	23.83	179.45
千烟洲	7.67	36.78	22.09	9.04	40.92
海北	−13.45	39.57	2.96	18.07	609.84
当雄	−7.11	11.20	−1.93	6.70	347.79
禹城	−39.13	129.43	24.45	52.92	216.45

亚热带森林生态系统固定 CO_2 价值量的季节差异不明显，一年四季分布较均匀，且都为正值。千烟洲亚热带人工林固定的 CO_2 的价值量主要分布在春季、夏季、秋季，其中夏季最多（表3.3）。温带森林、高寒草甸和农田生态系统固定 CO_2 价值的季节差异明显。长白山温带针阔叶混交林固定 CO_2 的价值主要集中在夏季，占一年总价值量的 93.61％；海北和当雄高寒草甸固定 CO_2 的价值只有在夏季为正值，其他季节都为负值；禹城农田生态系统固定 CO_2 的价值主要集中在春季和夏季，其中，春季最多，秋季和冬季为负值。

表 3.3　　　　　　　生态系统固定碳价值季节比例　　　　　　　　　％

季节	长白山	千烟洲	海北	当雄	禹城
春季	4.53	24.41	−86.44	−82.61	67.95
夏季	93.61	37.15	259.83	63.38	39.90
秋季	−0.56	24.70	−39.55	−3.34	−6.19
冬季	2.42	13.73	−33.84	−77.43	−1.67

注　季节划分采用气象学划分法：3—5月为春季，6—8月为夏季，9—11月为秋季，12月至次年2月为冬季。

c. 价值累积过程

生态系统时时刻刻都在进行着固定或者排放 CO_2 的生理过程，因此，固定 CO_2 服务是一个流量过程，其价值是一个逐时累积的过程。

5 种生态系统中，禹城固定 CO_2 的年价值最高，为 293 \$ · hm^{-2} · a^{-1}；次之是千烟洲，年价值为 265 \$ · hm^{-2} · a^{-1}；再次之为长白山，年价值为 159 \$ · hm^{-2} · a^{-1}；最后是海北和当雄，年价值为 36 \$ · hm^{-2} · a^{-1} 和 −23 \$ · hm^{-2} · a^{-1}（图3.11）。可见，本研究中的自然生态系统中，亚热带森林生态系统固定 CO_2 的价值最高，其次为温带森林生态系统，最后为高寒草甸生态系统。由于人工处理作用，农田生态系统固定 CO_2 的价值较高，排在第二位。但是，由于植被收割因素，农田固定的 CO_2 并没有完

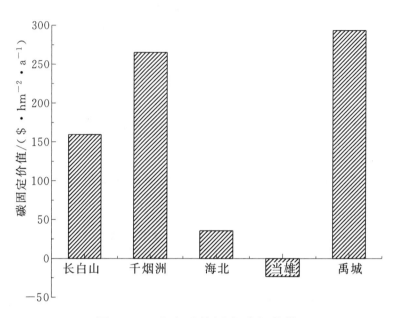

图 3.11　生态系统固定碳年价值

全储存在农田生态系统中。当雄高寒草甸固定 CO_2 的年价值为负值，表明该生态系统在一年中表现为碳源，即土壤碳库中的碳向大气中排放。

以日为时间尺度，拟合生态系统固定 CO_2 累积价值的时间序列曲线，发现 5 种生态系统固定 CO_2 的逐日累积价值与天数能够很好地拟合为 3 次方曲线（图 3.12）。除了当雄和海北外，其他 3 种生态系统固定 CO_2 累积价值 3 次方拟合曲线的 R^2 都在 0.9 以上。

根据 3 次方拟合曲线的形态，可以将 5 种生态系统固定 CO_2 价值累积过程分为 3 类：①拟合曲线始终处于上升阶段，该类生态系统有千烟洲；②拟合曲线初始一小部分处于下降阶段，中间大部分处于上升阶段，最后一小部分处于下降阶段，该类生态系统有长白山和禹城；③开始的下降阶段、中间的上升阶段和最后的下降阶段时间长度基本一样，该类生态系统有海北和当雄高寒草甸。

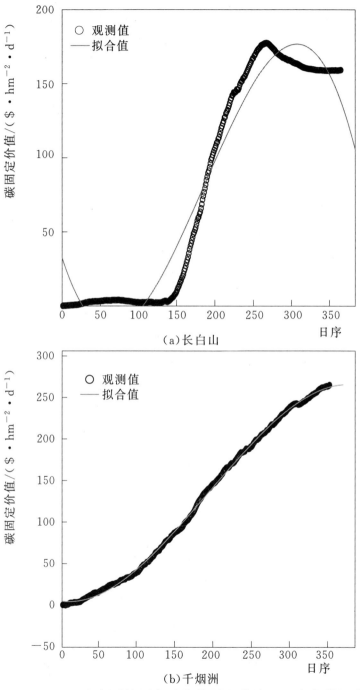

（a）长白山

（b）千烟洲

图 3.12（一）　生态系统固定碳价值累积曲线及 3 次方模拟曲线

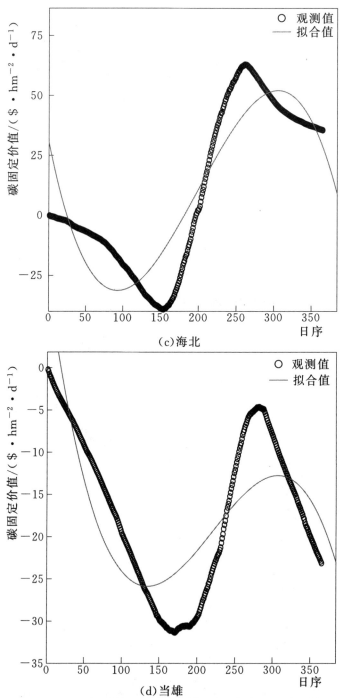

(c)海北

(d)当雄

图 3.12（二）　生态系统固定碳价值累积曲线及 3 次方模拟曲线

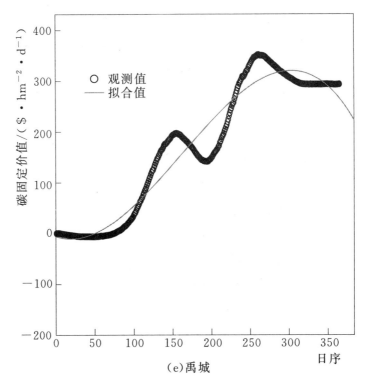

（e）禹城

图 3.12（三）　　生态系统固定碳价值累积曲线及 3 次方模拟曲线

3.1.3　小结

在年内，随着植被的生长，森林、草地和农田生态系统的碳固定能力及价值都在发生变化。受植被类型和气候条件的影响，不同生态系统固定 CO_2 的能力和过程不同，其价值总量和实现过程也不同。长白山森林生态系统、海北高寒草甸和当雄高寒草甸的碳固定量曲线都呈现单峰态，千烟洲森林生态系统的峰值不明显，禹城农田生态系统呈现双峰态。森林和草地生态系统中，亚热带森林生态系统固定 CO_2 的价值最高，其次为温带森林生态系统，最后为高寒草甸生态系统。日时间序列上价值累积过程的 3 次拟合曲线的形态不同，千烟洲随着时间序列始终处于上升阶段，长白山、海北和当雄的拟合曲线随着时间序列分为下降、上升、下降 3 个阶段，其中长白山大部分时间处于上升阶段，海北和当雄在 3 个阶段的时间长度基本一样。由于人工种植和处理作用，禹城农田生态系统固定 CO_2 的价值最高，但是由于收割作用，并不是所有固定的 CO_2 都被储存在农田生态系统中；日价值和月价值变异较大，仅次于高寒草甸；日时间序列上的价值累积过程 3 次方拟合曲线形态与长白山类似。

3.2　年际动态过程

以往关于森林碳汇服务年际动态变化的研究都是从森林资产的角度出发，评价在一定的碳单价和贴现率下森林生态系统碳库价值的大小，并不能体现碳汇价值的变化过程。因此，本研究从流量角度出发，模拟一定条件下从种植开始到 100 年期间单株樟子松（*Pinus sylvestris* var. *mongolica*）碳汇价值的结构和动态变化过程，以期揭示森林碳汇价值的变化过程。樟子松是欧洲赤松（*Pinus sylvestris*）的一个地理变种，是中国最耐寒的树种之一。由于樟子松具有较强的环境适应性——耐干旱、耐严寒、耐贫瘠，根系可塑性大、穿透力强，不苛求土壤，同时具有较高的经济价值——生长快，产量高、材质好、用途广，已经成为中国东北部山区重要针叶林造林树种之一（姚成滨等，2003）。

3.2.1　计算方法

森林生态系统既有固定 CO_2 为生物质碳的能力，同时还具有储存生物质碳的能力。森林的碳固定可以看作生产过程，碳蓄积可以看作储存过程。因此，森林生态系统的碳汇价值为碳固定价值和碳蓄积价值两者之和。碳固定过程是碳蓄积过程的前提，森林植被在一段时期内的碳蓄积量可以看作这段时间内森林碳固定量的累积。因此，如果以种植年为起始年份，那么 T 年森林植被的碳汇价值可以用如下公式表示：

$$V = V_s + V_c = P_s \cdot \int_{t=0}^{T} q(t)\,\mathrm{d}t + q(T) \cdot P_c \qquad (3.3)$$

式中：V 为 T 年的碳汇价值；V_s 为 T 年的碳蓄积价值，V_c 为 T 年的碳固定价值，P_s 为 T 年单位碳蓄积量的价值；P_c 为 T 年单位碳固定量的价值，$q(t)$ 为 t 年的碳固定量，$q(T)$ 则为 T 年的碳固定量，t 为 0 年到 T 年间的年数。碳固定量为单位时间内的生长力，碳蓄积量为一段时间内生长力的累积量。

植被吸收、固定和蓄积碳的过程与生物量的生长过程紧密相关。因此，本研究根据樟子松的生物量累积函数以及各器官的碳含量确定樟子松固定和蓄积的碳量。中国樟子松天然林主要集中在大兴安岭东坡，伊勒呼里山以北的山地和内蒙古红花尔基及海拉尔一带的沙丘地带（郝雨，2006）。目前，对于樟子松的研究也大部分集中在这些地区，关于其生长过程以及环境影响因素的资料较丰富。樟子松多为纯林，间或混有少量的兴安落叶松（*Larix gmeli-nii*）（王晓春等，2011），因此，本研究中暂不考虑其他树种。运用山地樟子松的生物量生长函数模拟其碳蓄积过程；将生物量生长函数求导，模拟碳固定过程。研究表明（袁立敏等，2011），樟子松根系生物量与地上生物量的比例为 0.12，据此计算樟子松根系生物量。各器官含碳比例来源于文献数据（袁立敏等，2011）。

山地樟子松生物量累积方程如下（冯宗炜，1999）：

$$M_t = 0.424 \times D^{2.5137} \tag{3.4}$$

$$M_b = 0.3248 \times D^{1.2788} \tag{3.5}$$

$$M_l = 0.3574 \times D^{0.9985} \tag{3.6}$$

总生物量的计算公式如下：

$$M_{地上} = M_t + M_b + M_l \tag{3.7}$$

$$M_{地下} = 0.12 \times M_{地上} \tag{3.8}$$

$$M_{总} = M_{地上} + M_{地下} \tag{3.9}$$

式中：M_t 为树干生物量，kg；M_b 为树枝生物量，kg；M_l 为树叶生物量，kg；$M_{地上}$ 为地上生物量，kg；$M_{地下}$ 为地下生物量，kg；$M_{总}$ 为总生物量，kg；D 为树木胸径，cm。

山地樟子松胸径生长方程采用理查德方程：

$$D = A (1 - e^{-kt})^b \tag{3.10}$$

根据已有研究成果（陈瑶和朱万才，2010），樟子松林中平均木的生长对应的 A、k、b 取值分别为 25.60009、0.054015、1.911613。

碳蓄积量将根据式（3.4）～式（3.10）和树木各部分的碳含量（袁立敏等，2011）进行计算。将式（3.10）求导得到树木的胸径的年生长量，根据式（3.4）～式（3.9）求得树木的年生长量，再根据树木各部分的碳含量求得树木的年碳固定量。

樟子松碳固定价值的计算公式为

$$AV_{cn} = V_{cn} M_{cn} \tag{3.11}$$

式中：AV_{cn} 为第 n 年樟子松碳固定的价值，$\$ \cdot a^{-1}$；$V_{cn}$ 为第 n 年碳固定单价，$\$ \cdot t^{-1} C$；$M_{cn}$ 为第 n 年碳固定量，$t \cdot a^{-1}$。依据人工固碳成本价格进行分析，由于发电厂是 CO_2 的最大排放源，世界上约有 40% 的 CO_2 排放来自于发电厂（张卫东等，2009），因此，V_{cn} 取电厂捕获 CO_2 的最低成本 55 $\$ \cdot t^{-1} C$ 进行计算。

樟子松碳蓄积价值计算公式为

$$AV_{sn} = V_{sn} M_{sn} \tag{3.12}$$

式中：AV_{sn} 为第 n 年樟子松碳蓄积的年价值，$\$ \cdot a^{-1}$；$V_{sn}$ 为第 n 年碳蓄积价格，$\$ \cdot a^{-1}$；$M_{sn}$ 为第 n 年的碳蓄积量，t。依据人工储碳的成本价格进行分析，V_{sn} 选择地质封存法的最低成本 3.6 $\$ \cdot t^{-1} \cdot a^{-1}$ 进行计算。

第 n 年的樟子松碳汇价值公式如下：

$$V_n = AV_{cn} + AV_{sn} \tag{3.13}$$

假设现在是樟子松的种植起始年，那么贴现率 r 下，N 年后的樟子松的总现价（资产价值）为

$$PV = \sum_{n=1}^{N} \frac{V_n}{(1+r)^n} \tag{3.14}$$

则，樟子松碳汇年均价值计算公式为：

$$AV = PV \frac{(1+r)^n r}{(1+r)^n - 1} \tag{3.15}$$

3.2.2 结果

3.2.2.1 碳固定和碳蓄积过程

樟子松通过光合作用和呼吸作用，将大气中的碳转化为碳水化合物，储藏在各器官（树干、树枝、树叶、根系）中，并通过碳交换而影响土壤碳蓄积量。虽然土壤碳含量是陆地植被碳含量的 2~3 倍，土壤碳库微小的变化将会对大气中 CO_2 浓度及全球变化产生巨大影响（苏永中和赵哈林，2002），但是，由于土壤碳库变化的复杂性以及长期性，本章仅模拟樟子松植被碳汇价值的流量过程。研究发现，樟子松植被的固碳能力随着植被的生长在不断变化，与树木的生长速度类似，呈现倒 U 形曲线（图 3.13）。在生长早期，固碳能力迅速提升，直至第 29 年达到顶峰，此时碳的固定量为 $22kg \cdot a^{-1}$；之后，碳固定能力迅速下降，六七十年后，下降速度变缓。此外，各器官固碳能力的变化规律与植被整体的变化规律一致，但是各器官的碳固定量占总固碳量的比例在发生变化（图 3.14）。早期（0~10 年）各器官的固碳量比例变化较大，10 年后

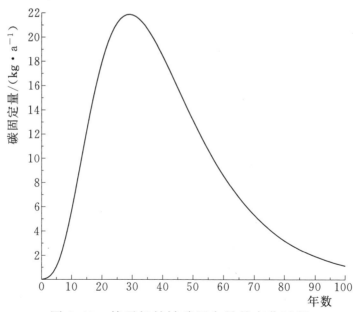

图 3.13 樟子松植被碳固定量的变化过程

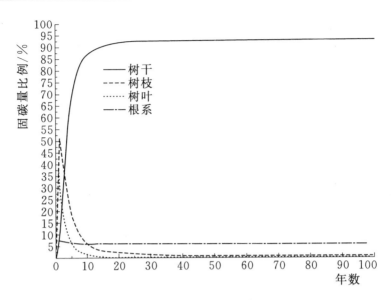

图 3.14　樟子松各器官固碳量比例的变化过程

逐渐稳定。树干的固碳比例先迅速增加，之后趋于稳定；树枝和树叶在迅速增加后又都迅速下降，再趋于稳定；根系的固碳比例先迅速增加，在小幅度下降后趋于稳定。在各器官固碳比例达到稳定后，树干的固碳能力最大，其所固定的碳量占植被总固碳量的90%以上；树叶最低，所占比例不足1%。

　　随着樟子松植被的固碳过程，其蓄积的碳量逐年增加。樟子松植被的碳蓄积过程曲线呈近似"S"状态。随着植被生长，碳蓄积量逐年增多；到后期由于碳固定量的减少，碳蓄积量曲线逐渐趋于平缓（图 3.15）。100年时，樟子松的碳蓄积量达 966 kg C。各器官的含碳比例变化趋势与碳固定的变化趋势一致（图 3.16）。在达到稳定后，树干的碳蓄积量最高，占植被总蓄积量的 92.3%，其后依次是根系、树枝和树叶，所占比例依次是 5.8%、1.6% 和 0.3%。

3.2.2.2　碳汇价值动态过程

　　在一定的碳固定单价和碳蓄积单价下，碳固定价值变化过程和碳固定量的变化过程形态一致；碳蓄积价值变化过程和碳蓄积量的变化过程形态一致。碳汇价值变化过程是碳固定价值和碳蓄积价值

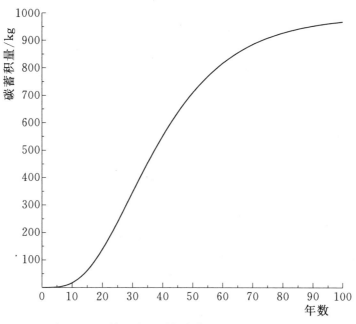

图 3.15　樟子松植被碳蓄积量的变化过程

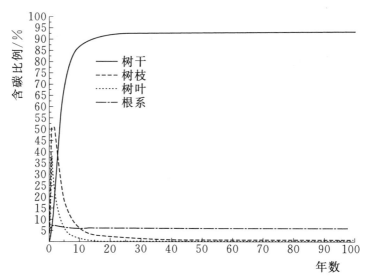

图 3.16　樟子松各器官含碳量的变化过程

变化过程的叠加。碳汇年价值由碳固定价值和碳蓄积价值两部分组成（图 3.17）。从种植开始到 100 年，樟子松的碳汇价值动态过程

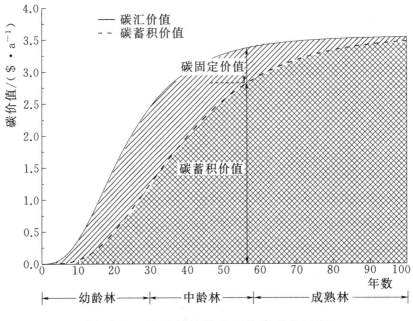

图 3.17　樟子松植被碳汇价值变化过程

呈现 S 形曲线，随着时间推进，碳汇年价值逐渐增大，增速先变大后变小，曲线逐渐趋于平缓。碳固定的年价值先增大后减小；碳蓄积年价值呈现逐渐增大的趋势，其占碳汇年价值的比重也逐渐增大，由第一年的 2.89% 增加到 100 年的 98.25%。幼龄林时期，碳固定能力逐渐增强，碳蓄积量增速较快，碳蓄积价值和碳汇价值增速都较快，每年的碳固定价值大于碳蓄积价值，直至 29 年，碳固定年价值达到最大值，为 1.20 $ · a^{-1}，此时碳蓄积价值为 1.17 $ · a^{-1}，占碳汇价值的 49.31%。中龄林时期，碳固定能力逐渐降低，碳固定年价值开始逐年变小，碳蓄积年价值所占比例逐渐增大。成熟林时期，碳汇价值过程曲线与碳蓄积价值过程曲线逐渐趋近。100 年的时候，碳固定年价值仅为 0.06 $ · a^{-1}，碳蓄积年价值为 3.48 $ · a^{-1}，碳汇价值为 3.54 $ · a^{-1}，碳汇价值以碳蓄积价值为主。在森林成熟阶段，虽然森林生态系统的碳固定年价值很小，但是碳蓄积价值很大，碳汇服务价值主要以碳蓄积价值形式存在，此时的森林植被每年仍然发挥着巨大的碳汇服务价值。

由图 3.17 可看出，碳汇总价值（即森林碳汇方面的资产价值）由碳固定价值和碳蓄积价值两部分组成，图中斜线部分的面积为碳固定总价值，格子部分的面积代表碳蓄积总价值。初始阶段，碳汇总价值主要由碳固定价值构成；随着时间推进，碳固定总价值所占比例逐渐降低，碳蓄积总价值的比例逐年升高（表 3.4）。100 年生的樟子松的碳汇总价值中，碳蓄积总价值所占的比例达到 65.46%。假设现在为樟子松的种植年，以 3%（当前银行年利率为 3.5%，考虑到社会贴现率应低于银行利率）为贴现率，计算到 2111 年樟子松碳汇现值和年均价值，分析樟子松未来效益的现实价值随着时间的变化趋势。很明显，樟子松种植时间越长，碳汇总价值越高。在贴现率 3% 下，100 年内碳汇总现值逐年增加（图 3.18）。100 年生樟子松的碳汇总现值为 54.78 \$，年均碳汇价值为 1.73 \$ · a^{-1}。这从反面可以说明，100 年内，年龄越大的樟子松生态系统的消失所带来的碳汇价值的损失越大，而且年均损失也越大。年均价值可以为生态补偿标准下限的制定提供参考。

表 3.4　　不同年龄樟子松碳蓄积总价值占碳汇总价值的比例

年数	比例/%	年数	比例/%
1	2.89	60	56.24
10	11.16	70	59.81
20	22.71	80	62.36
30	33.68	90	64.17
40	42.90	100	65.46
50	50.06		

以 3.0% 为中心，确定一个贴现率系列，分别为 1%、2%、3%、4%、5%。采取收益法，分析不同贴现率下，100 年生樟子松碳汇总贴现值与年均值的大小。用贴现率为 0.0% 的结果表示当年价格。贴现率越大，资金的时间效应越强。由图 3.19 和图 3.20 可见，贴现率越大，碳汇的总价值和年均价值越小，距离 2011 年

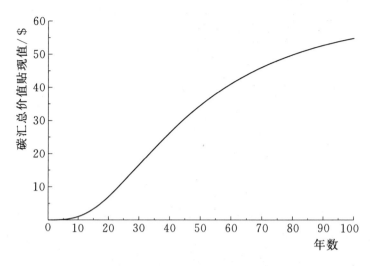

图 3.18 樟子松碳汇总价值的贴现值变化过程（$r=3\%$）

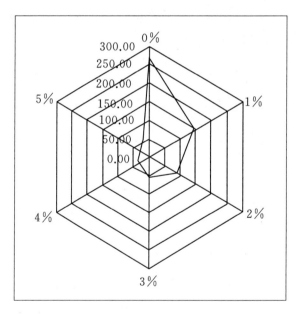

图 3.19 100 年生樟子松不同贴现率下碳汇总现值比较

当年价值的差距就越大。贴现率对总价值的影响比对年均价值的影响大。贴现率为 1%、2%、3%、4% 和 5% 时的总现价值分别为当年价值的 56%、33%、21%、14% 和 9%；相比较而言，年均价值

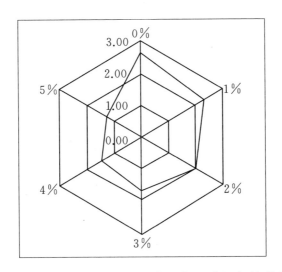

图 3.20　100 年生樟子松不同贴现率下碳汇年均价值比较

的变化要小得多，贴现值分别为当年值的 88％、77％、66％、56％
和 48％。贴现率越小，贴现率的等量变化给总价值和年均价值带来
的影响越大。

　　上述研究结果刻画了樟子松在长时间尺度上碳汇价值的变化过
程，在理论上验证了碳汇价值由碳固定和碳蓄积两部分组成，揭示
了单株林木碳汇服务价值变化过程的普遍规律。单株树木碳汇价值
变化过程的研究是进行整个林分研究的前提。由于自然和人工间伐
的影响，在长时间尺度内树木的密度往往也在发生变化。这都将影
响林分的碳固定价值和碳蓄积价值的大小。由于樟子松具有很强的
适应性，天然更新较容易。随着樟子松的成长，密度过大导致光照
的不足，严重影响树木的生长发育，导致樟子松的自伐或人工间
伐。林分密度的改变必然影响樟子松的碳固定和蓄积量，因此，在
研究林分的碳汇服务的年度变化时，应该采用不同的密度。在此，
暂时选用根据材积确定的樟子松林最优密度（李永多和王之迹，
1981），刻画樟子松林在 100 年内的碳固定价值、碳蓄积价值和碳
汇价值的变化规律（图 3.21）。与单株树木相比，三条曲线的变化
趋势是一致的。不同之处有：①在林分密度基本保持固定之前，碳

汇价值、碳蓄积价值和碳固定价值三条曲线并不是圆滑的，而是呈锯齿状；②碳固定价值的最大值出现的更早，峰值更趋向左侧；③碳汇价值不是逐渐增大，而是在幼龄林内出现一个最大值，曲线在左侧出现一个峰值。这里只是给出关于樟子松林分碳汇价值的一个例子。在确定樟子松林适宜种植密度时，不仅要考虑材积最大化，还应该加入碳汇价值以及其他重要生态系统服务价值。

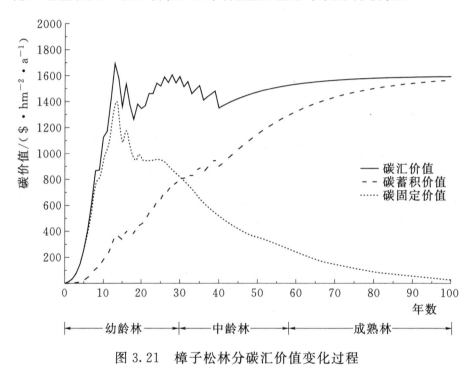

图 3.21　樟子松林分碳汇价值变化过程

3.2.3　小结

依据樟子松的生物量生长函数，模拟了碳汇价值在长时间尺度上的组分结构及变化趋势，揭示了森林植被碳汇价值的形成过程，完善了森林生态系统碳汇价值理论。碳汇价值由碳固定价值和碳蓄积价值两部分组成。森林植被在幼年时主要提供碳固定服务，随着林龄增加，碳蓄积服务所占的分量逐渐增大。在生长进程中，森林植被的碳固定价值先增大后变小，碳蓄积价值则是一个逐渐增加的过程，在这两者作用下，碳汇价值逐渐增大，增速先变大后减小，最后碳汇价值趋向于稳定值。随着林龄的增加，碳汇总价值中碳蓄积价值所占的比重逐渐增大。到成熟林时期，尽管森林植被的碳固定服务价值已经很小，但是碳汇价值很大，此时森林植被主要提供碳蓄积服务。

第4章 水 源 涵 养

生态系统提供着重要的水源涵养功能（Brauman et al.，2007），包括调节地表水和地下水，削洪补枯，净化水质（Perrot-Maître and Davis，2001；de Groot et al.，2002；程根伟和石培礼，2004）。这些水源涵养服务可以归纳为水调节服务和水供给服务（Constanza et al.，1997；Ingraham and Foster，2008）。目前，全球面临着日益严重的水危机，政府界、学术界以及社会团体都对森林生态系统的水源涵养功能和服务及其价值和付费研究给予了高度的关注（Perrot-Maître and Davis，2001；Guo et al.，2007）。

本章的目的是描绘和对比典型生态系统水源涵养服务及价值的动态变化的对比分析，以期有助于我们掌握生态系统服务的演变规律，从而更好地保护、规划和管理生态系统。生态系统服务功能和价值的评估不仅要考虑生态系统的现状和构成，还应当考虑其时空变化，要深入了解生态系统服务功能的内部机制和演变规律（李文华等，2009）。由于不同的植被组成和结构，不同的生态系统提供的水源涵养服务大小不同。中国生态系统研究网络（CERN）于1988年开始建设，监测覆盖全中国的典型生态系统的结构、功能和过程等的变化规律（陈宜瑜，2009），为本章提供了坚实的数据基础。

4.1　研究方法

水源涵养指生态系统通过一系列的水文过程，包括植被层截留降水、地表枯落物蓄水、土壤蓄水和径流等，从而调节水流量并给人类提供生活和生产所需要的水。水流量调节正是通过生态系统各层对降水的截蓄实现的。本研究基于生态系统提供水源涵养服务的过程和人类从生态系统水文过程中所获得的益处，将生态系统水源涵养服务分为截蓄降水和供水两部分，相应的水源涵养服务价值即为截蓄水价值与供水价值之和。

4.1.1　物理量计算方法

（1）森林生态系统。森林生态系统水源涵养量包括截蓄降水量和供给水量。其中，截蓄降水包括林冠层截蓄降水、地表枯落物含水量和土壤层含水量。供给水量，即径流量，包括地表径流和地下径流，是人类可以利用的水资源量。

森林生态系统截蓄水量的计算公式如下：

$$V_{fs} = V_{fs1} + V_{fs2} + V_{fs3} \tag{4.1}$$

式中：V_{fs} 为森林截蓄降水总量；V_{fs1} 为林冠层截水量；V_{fs2} 为凋落物持水量；V_{fs3} 为土壤蓄水量。其中林冠截蓄水量的计算公式如下：

$$V_{fs1} = R_f - F_{fb} - R_{fp} \tag{4.2}$$

式中：R_f 为降水量；F_{fb} 为树干径流量；R_{fp} 为穿透降水量。

供给水量计算公式为

$$V_{fp} = F_f = F_{f\text{above}} + F_{f\text{below}} \tag{4.3}$$

式中：V_{fp} 为森林供给水量；F_f 为径流量；$F_{f\text{above}}$ 为地表径流量；$F_{f\text{below}}$ 为地下径流量。

森林生态系统涵养水源量为

$$V_f = V_{fs} + V_{fp} \tag{4.4}$$

式中：V_f 为森林生态系统水源涵养量；V_{fs} 为森林截蓄降水总量；V_{fp} 为森林供给水量。

（2）草地生态系统。由于研究区的草地生态系统径流量极小，因此，草地生态系统的水源涵养作用主要集中在截蓄降水部分。草冠层和地表枯落物截蓄降水很小，因此，主要考虑土壤的截蓄水量。即草地生态系统的水源涵养量为草地土壤层的含水量。

$$V_g = V_{gs1} \tag{4.5}$$

式中：V_g 为草地生态系统水源涵养量；V_{gs1} 为草地土壤层的含水量。

（3）农田生态系统。鉴于农田生态系统水分来源为降水和人工灌溉，农田生态系统水源涵养的主要作用是土壤保水以便供农作物正常生长，因此，农田生态系统水源涵养量为农田土壤层的含水量。

$$V_a = V_{as} \tag{4.6}$$

式中：V_a 为农田生态系统水源涵养量；V_{as} 为农田土壤层的含水量。

4.1.2　价值量计算方法

生态系统可以被看作一个水库，两者都有蓄水和调水的功能。因此，截蓄降水价值计算采用替代工程法，选择 $1m^3$ 水库库容建设投资成本作为截蓄降水单价。由于生态系统服务属于"流量"范畴，因此，首先根据式（4.7）计算 $1m^3$ 水库库容建设年均投资成本，再除以 12 即为每一个月的投资成本。

水库库容建设年均投资成本为

$$AV = PV \frac{(1+r)^n r}{(1+r)^n - 1} \tag{4.7}$$

式中：AV 为水库建设投资年均成本；PV 为水库建设投资总成本；r 为贴现率。

全国平均 $1m^3$ 水库库容建设投资成本为 6.11 元（国家林业局，2008）；采用当前银行利率 3.5% 作为贴现率计算 $1m^3$ 库容的年投资成本。农田生态系统除了降水外，灌溉水是土壤水分的主要来源，因此，在利用土壤层贮水法计算农田生态系统截蓄降水价值时，需要扣除农田灌溉成本。在此，选用全国平均农业用水成本 0.06 元·m^{-3} 进行计算（国家计委价格司和水利部经调司，2002）。水供给价值采用水资源费 0.5 元·m^{-3} 进行计算（周望军，2010）。

4.1.3　数据来源

森林类型从北到南有长白山温带阔叶红松林、鼎湖山亚热带季风常绿阔叶林、西双版纳热带季节雨林。草地类型从东到西有内蒙古温带草原和海北高寒草甸。农田类型有禹城暖温带冬小麦-夏玉米农田、常熟亚热带冬小麦-水稻农田和千烟洲亚热带早稻-晚稻农田。

　　西双版纳热带季节雨林降水量、树干径流量、穿透降水量、地表枯落物含水量、地表枯落物现存量、土壤含水量、径流量数据来源于中国生态系统研究网络（CERN）——西双版纳站 2002—2006 年监测数据。鼎湖山亚热带季风常绿阔叶林降水量、林冠截蓄量和径流量数据来源于文献数据（闫俊华等，2003），为 1993—1999 年平均值；土壤含水量和地表枯落物含水量和地表枯落物现存量来源于中国生态系统研究网络（CERN）——鼎湖山站 1993—1999 年监测数据。长白山温带阔叶红松林降水量、树干径流量、穿透降水量、地表枯落物含水量、地表枯落物现存量、土壤含水量和地表径流量数据来源于中国生态系统研究网络（CERN）——长白山站 2005—2007 年监测数据。海北高寒草甸、内蒙古温带草原、禹城暖温带冬小麦-夏玉米田、常熟亚热带小麦-水稻田和千烟洲亚热带两季稻田的降水量和土壤含水量数据来源于 CERN 的监测数据，其中海北数据为 2001—2003 年，内蒙古为 2005—2007 年，禹城为 2006—2007 年，常熟为 2006—2007 年，千烟洲为 2006—2007 年。2006—2007 年禹城、常熟和千烟洲农田的灌溉记录数据来源于 CERN 的监测数据。本章中所用的数据为各站监测年数据的平均值。依据生态台站监测数据的月份，针对长白山温带阔叶红松林、海北高寒草甸和内蒙古温带草原，本研究分别只分析其 5—9 月、4—10 月和 5—10 月的水源涵养及价值的动态过程。

4.2　研究结果及分析

4.2.1　调节水量

　　生态系统通过植被层、地表枯落物层和土壤层截蓄水分，既起到调节径流的作用，又为维持自身的生长提供所需的水分。由于一年中不同季节的降水量不同（农田生态系统包括灌溉水量的不同），再加上生态系统自身的生长状态不同，因此，截蓄水量随着月份呈现出动态变化趋势。

　　研究表明，一年内不同生态系统截蓄水量不同，动态变化过程也不同（图 4.1）。按月均截蓄水量从大到小排序为：千烟洲亚热带早稻-晚稻田＞西双版纳季节雨林＞长白山温带阔叶红松林＞禹城暖温带冬小麦-夏玉米田≈常熟亚热带冬小麦-水稻田＞鼎湖山亚热带季风常绿阔叶林≈海北高寒草甸＞内蒙古温带草原。由于灌溉作用，三类农田截蓄水量都较大，其中千烟洲亚热带双季水稻田的截蓄水量最大。两种草地生态系统截蓄水量都较低，由于内蒙古温带草原地处干旱地区，蒸发量远远大于降水量，因此，内蒙古温带羊草草原截蓄降水量最低。三种森林生态系统中，最南方的西双版纳热带季节雨林与最北部的长白山温带阔叶红松林截蓄降水量都较大，两者相差不多；但是，鼎湖山亚热带季风常绿阔叶林截蓄降水量较低，其大小与海北高寒草甸相差无几。计算出的鼎湖山亚热带季风常绿阔叶林月土壤含水量平均值与尹光彩等（2003）计算得出的 1999—2002 年的平均值大小接近，前者为 177mm，后者为 184mm。

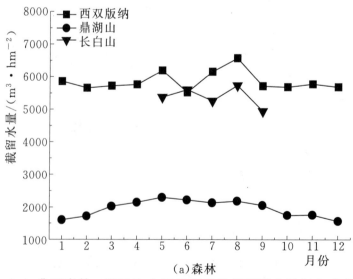

(a)森林

图 4.1（一）　典型森林、草地和农田生态系统截蓄降水量年内动态变化过程

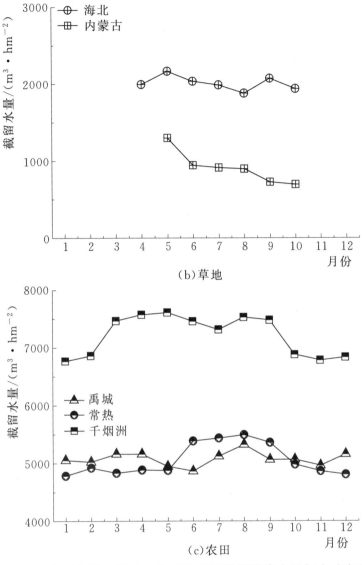

（b）草地

（c）农田

图 4.1（二）　典型森林、草地和农田生态系统截蓄降水量年内动态变化过程

　　西双版纳热带季节雨林月截蓄降水量曲线呈现一大一小双峰型，小峰值出现在 5 月，大峰值出现在 8 月。鼎湖山亚热带季风常绿阔叶林月截蓄降水量曲线呈现倒 U 形，最大值出现在 5 月。长白山温带阔叶红松林月截蓄降水量由 5 月到 6 月为上升，7 月下降，8 月上升，9 月下降，最大值出现在 8 月。海北高寒草甸由 4 月到 5

月为上升，6 月、7 月、8 月连续下降，9 月上升，10 月又下降，最大值出现在 5 月。内蒙古温带草原 5—10 月连续下降。禹城暖温带冬小麦-夏玉米田月截蓄水量曲线呈现一大一小双峰型，小峰值出现在 3 月和 4 月，大峰值出现在 8 月。常熟亚热带冬小麦-水稻田 1—4 月截蓄降水量变化不大，5 月上升，到 12 月月截蓄水量曲线呈现倒 U 形，最大值出现在 8 月。千烟洲亚热带双季稻田月截蓄水量呈现双峰型，分别出现在 5 月和 8 月。可以看出 8 种生态系统中，截蓄水量最小的三种生态系统——鼎湖山亚热带季风常绿阔叶林、海北高寒草甸和内蒙古温带草原截蓄水量的最大值都出现在 5 月（分别为 2301 $m^3 \cdot hm^{-2} \cdot month^{-1}$、2167 $m^3 \cdot hm^{-2} \cdot month^{-1}$、1300 $m^3 \cdot hm^{-2} \cdot month^{-1}$），而其他 5 种生态系统截蓄水量最大值都出现在 8 月（西双版纳森林为 6575 $m^3 \cdot hm^{-2} \cdot month^{-1}$、长白山森林为 5731 $m^3 \cdot hm^{-2} \cdot month^{-1}$、禹城农田为 5322 $m^3 \cdot hm^{-2} \cdot month^{-1}$、常熟农田为 5491 $m^3 \cdot hm^{-2} \cdot month^{-1}$、千烟洲农田为 7530 $m^3 \cdot hm^{-2} \cdot month^{-1}$）。

一年内，几种典型生态系统月截蓄水量的变化程度不同，且变异系数都在 25% 以内。按照变异系数由大到小排序依次为内蒙古温带羊草草原（23.68%）＞鼎湖山亚热带季风常绿阔叶林（13.27%）＞长白山温带阔叶红松林（5.72%）＞常熟冬小麦-水稻田（5.45%）＞西双版纳热带季节雨林（5.10%）＞千烟洲亚热带双季稻田（4.86%）＞海北高寒草甸（4.65%）＞禹城温带冬小麦-夏玉米田（2.40%）。

森林生态系统的土壤层截蓄水量最大，其次为林冠截蓄量，枯落物含水量所占比例很小，可以忽略不计（图 4.2）。西双版纳热带季节雨林月均土壤含水量占总截蓄水量比例为 89%，鼎湖山亚热带季风常绿阔叶林为 94%，长白山温带阔叶红松林为 90%。西双版纳热带季节雨林和长白山温带阔叶红松林的林冠截蓄量具有较明显的季节变化，土壤含水量变化缓慢，因此，这两种森林的总截蓄水量变化曲线的形态与林冠截蓄水量变化曲线形态保持一致；鼎湖山

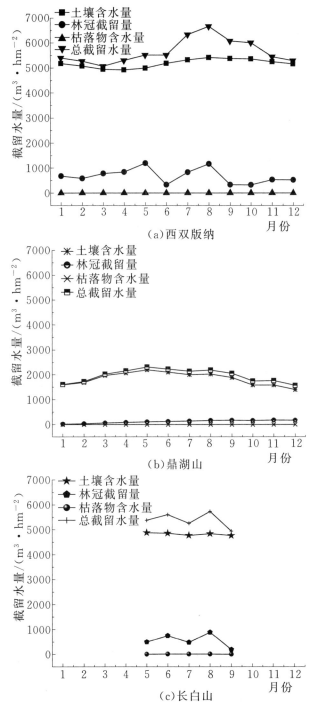

图 4.2 典型森林生态系统截蓄水量年内动态变化过程

亚热带季风常绿阔叶林的月林冠截蓄量季节间变化不明显,因此,鼎湖山亚热带季风常绿阔叶林截蓄水量变化曲线与土壤含水量变化曲线的形态近似一致。

4.2.2　提供水量

西双版纳热带季节雨林、鼎湖山亚热带季风常绿阔叶林和长白山温带阔叶红松林三种森林年径流量不同,月供水量的变化趋势也各有特色。西双版纳热带季节雨林每年为人类提供水量为 6250 m^3·hm^{-2}·a^{-1},鼎湖山亚热带季风常绿阔叶林年供水量为 9530 m^3·hm^{-2}·a^{-1},长白山 5—9 月供水量为 1283 m^3·hm^{-2}·a^{-1}。由于长白山在植被非生长季地表径流很小,此时期径流量主要考虑地下径流。假设地下月径流量变化很小(高人,2002),再加上生长季的总径流量,长白山全年的供水量为 2192 m^3·hm^{-2}·a^{-1}。可见,三种森林类型中,鼎湖山亚热带季风常绿阔叶林的供水能力最大,其次为西双版纳热带季节雨林,最差的为长白山温带阔叶红松林。影响森林生态系统径流量大小的因素比较复杂,主要因素有地形、土壤、植被条件和降水量、蒸散量等。三种森林中,鼎湖山亚热带季风常绿阔叶林的年降水量最大,其次为西双版纳热带季节雨林,长白山温带阔叶红松林的年降水量最小,仅为鼎湖山年降水量的 40%。

三种森林的月供水量在年内都呈现出一定的变化规律。由于长白山 10 月至次年 4 月径流量主要为地下径流,且地下径流较稳定,因此,可以将 10 月至次年 4 月的供水量看作是稳定的,且低于植被生长季的月径流量。因此,三种森林月供水量曲线都呈现单峰型(图 4.3),且峰值都出现在夏季。鼎湖山亚热带季风常绿阔叶林月供水量最大值出现较早,在 6 月;西双版纳热带季节雨林和长白山温带阔叶红松林的月供水量最大值都出现在 8 月。长白山阔叶红松林的月供水量都低于西双版纳热带季节雨林和鼎湖山亚热带季风常绿阔叶林。西双版纳热带季节雨林和鼎湖山亚热带季风常绿阔叶林的月供水曲线交织:1—3 月,西双版纳热带季节雨林的月供水量大于等于鼎湖山亚热带季风常绿阔叶林；4—7 月，鼎湖山亚热带季风常绿阔叶林月供水量远远大于西双版纳热带季节雨林；8—12月，西双版纳热带季节雨林的月供水量大于等于或者约等于鼎湖山亚热带季风常绿阔叶林。

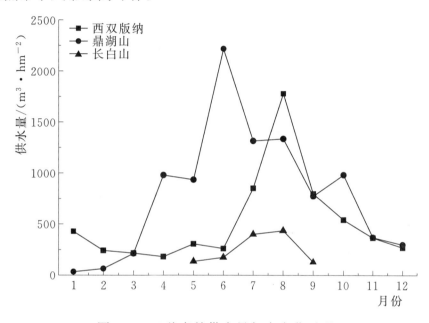

图 4.3 三种森林供水量年内变化过程

年内三种森林月供水量的变异程度都比较大，其中西双版纳热带季节雨林和鼎湖山亚热带季风常绿阔叶林的变异系数都在 80% 以上，长白山 5—9 月的供水量的变异系数为 59%。三种森林都是在夏季供水量最大，占全年供水总量的 50% 左右（表 4.1）。西双版纳热带季节雨林在春季供水量最小，鼎湖山亚热带季风常绿阔叶林在冬季供水量最小，长白山春季、秋季和冬季供水量较为平均。

4.2.3 水源涵养量及其价值

4.2.3.1 水源涵养量

11 月到次年 3 月为海北高寒草甸土壤冻结期，鉴于高寒草甸土壤在冻结以后，水分散失逐渐减少。同时，冬季的降雪量少且无法

表 4.1　　　　　　　三种森林供水量季节分配情况

季节	西双版纳热带季节雨林		鼎湖山亚热带季风常绿阔叶林		长白山阔叶红松林	
	径流量 /(m^3/hm^2)	占比/%	径流量 /(m^3/hm^2)	占比 /%	径流量 /(m^3/hm^2)	占比 /%
春季	706	11.30	2131	22.36	396	18.08
夏季	2894	46.31	4872	51.12	1016	46.38
秋季	1708	27.33	2130	22.35	389	17.77
冬季	941	15.06	397	4.17	389	17.77

向土中渗透，对土壤含水量不造成明显影响（宋理明和娄海萍，2006）。因此，在此将海北高寒草甸土壤冻结期的水分含量看作固定不变，为冻结前和解冻前的平均值。研究表明，内蒙古温带草原在土壤冻结期土壤水分变化不大，尤其是当冰雪覆盖下垫面以后，土壤水分保持相对稳定，直到第二年融化期到来（李宁等，2006），因此，可将内蒙古温带羊草草原 11 月到次年 4 月的土壤含水量看作不变，只取 10 月测得的土壤含水量值。长白山阔叶红松林在冬春季（10 月至次年 3 月末）为土壤水分相对稳定阶段（杨弘等，2006），因此，可将 10 月到次年 4 月的土壤含水量看作保持不变，取值为 9 月土壤含水量。森林生态系统水源涵养量包括截蓄降水量和供给水量，草地和农田生态系统水源涵养量则为截蓄降水量。八种生态系统类型按照一年中的水源涵养总量从大到小排序为：西双版纳热带季节雨林（12108 $m^3 \cdot hm^{-2} \cdot a^{-1}$）＞鼎湖山亚热带季风常绿阔叶林（11484 $m^3 \cdot hm^{-2} \cdot a^{-1}$）＞长白山温带阔叶针叶林（7318 $m^3 \cdot hm^{-2} \cdot a^{-1}$）≈千烟洲亚热带双季稻田（7214 $m^3 \cdot hm^{-2} \cdot a^{-1}$）＞禹城温带冬小麦-夏玉米田（5075 $m^3 \cdot hm^{-2} \cdot a^{-1}$）≈常熟亚热带冬小麦-水稻田（5052 $m^3 \cdot hm^{-2} \cdot a^{-1}$）＞海北高寒草甸（1980 $m^3 \cdot hm^{-2} \cdot a^{-1}$）＞内蒙古温带羊草草原（803 $m^3 \cdot hm^{-2} \cdot a^{-1}$）。三种森林中，西双版纳热带季节雨林截蓄降水量和供给水量大小相差不大，所占的比例都在 50% 左右；鼎湖山季风常绿阔叶林中供水量为主，所占的比例为 82.98%；而长白山温带阔

叶红松林则是以截蓄降水量为主,所占的比例为 70.05%。

一年中,西双版纳的水源涵养量都高于长白山和鼎湖山,长白山的月水源涵养量都高于鼎湖山 (图 4.4)。西双版纳和长白山的水源涵养曲线的形态与各自的截留降水量曲线一致,鼎湖山的水源涵养量曲线形态与供给水量曲线一样,最大值月与供水量最大值月一样,都在 6 月。在降水量和植被生长周期变化的作用下,三种森林生态系统的水源涵养量在年内一直发生着变化,各自的曲线都有一个最高峰,且都在夏季,不同的是,最高峰出现的月份不一样。草地生态系统和农田生态系统的月水源涵养量即为各自的月截留降水量,因此水源涵养量曲线即为截留降水量曲线。

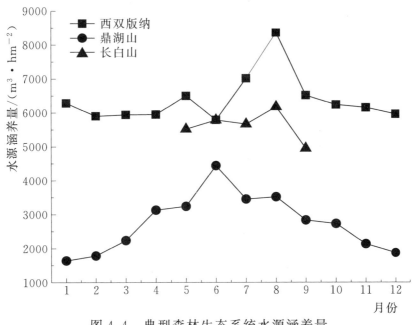

图 4.4 典型森林生态系统水源涵养量

4.2.3.2 水源涵养价值

不同类型生态系统的水源涵养价值及其年内动态过程差异较大。与水源涵养量一致,森林生态系统水源涵养价值由截蓄降水和供水价值两部分组成,且两部分的构成不同。草地生态系统和农田生态系统水源涵养价值主要指截蓄降水价值。八种生态系统按水源涵养年价值从大到小排序为鼎湖山亚热带季风常绿阔叶林（823 $\$\cdot hm^{-2}\cdot a^{-1}$）＞西双版纳热带季节雨林（712 $\$\cdot hm^{-2}\cdot a^{1}$）＞长白山温带阔叶红松林（366 $\$\cdot hm^{-2}\cdot a^{-1}$）＞千烟洲亚热带双季稻田（247 $\$\cdot hm^{-2}\cdot a^{-1}$）＞禹城温带冬小麦-夏玉米田（147 $\$\cdot hm^{-2}\cdot a^{-1}$）＞常熟冬小麦-水稻田（92 $\$\cdot hm^{-2}\cdot a^{-1}$）＞海北高寒草甸（75 $\$\cdot hm^{-2}\cdot a^{-1}$）＞内蒙古温带羊草草原（30 $\$\cdot hm^{-2}\cdot a^{-1}$）。三种森林中，西双版纳热带季节雨林水源涵养价值以供水价值为主，所占的比例为 69.97％；鼎湖山亚热带季风常绿阔叶林水源涵养价值也以供水价值为主，所占的比例为 91.04％；长白山温带阔叶红松林水源涵养价值中截蓄水价值和供水价值所差无几，所占比例都在 50％左右。可见，虽然西双版纳热带季节雨林水源涵养总量大于鼎湖山季风常绿阔叶林，但是西双版纳热带季节雨林水源涵养价值却小于鼎湖山季风常绿阔叶林。此外，尽管西双版纳热带季节雨林和鼎湖山亚热带季风常绿阔叶林水源涵养水量中截蓄水量和供给水量所占的比重相差比较大，但是在水源涵养价值中都以供水价值为主。

　　由于一年内森林生态系统截蓄降水量变化较小，三种森林生态系统水源涵养价值年内变化曲线的形态与供给水量的变化形态基本一致；草地生态系统水源涵养价值主要为截蓄降水价值，两种草地生态系统水源涵养价值年内变化曲线的形态与截蓄降水的变化形态一致；虽然农田生态系统水源涵养价值也主要为截蓄降水价值，但是由于农田生态系统要减去灌溉成本，因此，农田生态系统水源涵养价值年内变化曲线不同于其截蓄水量变化曲线（图 4.5）。三种森林生态系统水源涵养价值年内动态曲线都呈现单峰形态，鼎湖山亚热带季风常绿阔叶林最大值出现在 6 月，西双版纳热带季节雨林和长白山温带阔叶红松林的最大值都出现在 8 月，且鼎湖山亚热带季风常绿阔叶林的峰值最大；海北高寒草甸水源涵养价值年内变化较缓慢，内蒙古温带羊草草原在 5—10 月期间呈现下降趋势；千烟洲亚热带双季稻田水源涵养价值年内变化曲线较平缓，常熟亚热带小麦-水稻田水源涵养价值变化曲线呈现双谷形态，禹城温带冬小麦-夏玉米田水源涵养价值年内变化曲线在 3 月出现一个波谷，之后至 8 月曲线逐渐上升，8—11 月曲线平缓，12 月又下降。农田生态系统水源涵养价值变化曲线与灌溉时间和灌溉量的大小关系很大。禹城温带冬小麦-夏玉米田的灌溉主要集中在 3—7 月，常熟亚热带小麦-水稻田的灌溉主要集中在 6—10 月，千烟洲亚热带双季稻田的灌溉

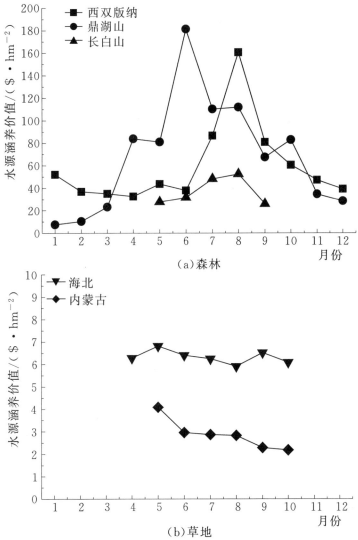

图 4.5（一）　典型森林、草地和农田水源涵养价值年内动态变化过程

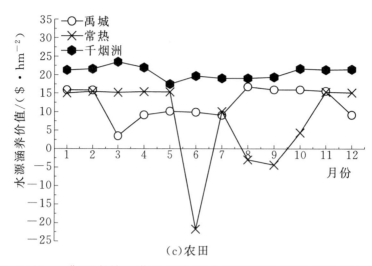

(c)农田

图 4.5（二）　典型森林、草地和农田水源涵养价值年内动态变化过程

主要集中在 4—9 月。其中，常熟小麦水稻田的灌溉量最大，一年高达 10450 $m^3 \cdot hm^{-2}$，是禹城农田的 2.2 倍，是千烟洲农田的 4 倍。

一年中各生态系统月水源涵养价值变异程度不同，海北高寒草甸的变异程度较低，变异系数为 3.98%；其次为千烟洲双季稻田，变异系数为 8.12%；后面依次为内蒙古温带草原、长白山温带阔叶红松林、禹城冬小麦-夏玉米田、西双版纳热带季节雨林、鼎湖山亚热带季风常绿阔叶林、常熟小麦-水稻田，变异系数分别为 23.02%、31.01%、34.95%、61.33%、74.68% 和 154.51%。西双版纳、鼎湖山和长白山三种森林生态系统水源涵养价值都是在秋季最多；海北和内蒙古两种草原四季的水源涵养价值较为平均；农田生态系统中，千烟洲两季稻田四季的水源涵养价值也较为平均，禹城冬小麦-夏玉米田的在春冬两季的水源涵养价值高于夏秋两季，常熟小麦-水稻田在春夏两季的水源涵养价值最高，秋季的水源涵养价值为负值，这主要与秋季灌溉水量大，成本大有关（表 4.2）。

除了常熟小麦-水稻田外，其他几种生态系统年内水源涵养价值累积过程曲线都是上升的，累积价值逐渐增大。其中，西双版纳热带季节雨林、鼎湖山亚热带季风常绿阔叶林和长白山温带阔叶红松林的累积过程曲线近似呈 S 形曲线，海北高寒草甸、内蒙古温带

表 4.2 典型森林、草地和农田生态系统水源涵养价值季节分配情况

季节	西双版纳		鼎湖山		长白山		海北	
	价值/($\cdot$hm^{-2})	比例/%	价值/($\cdot$hm^{-2})	比例/%	价值/($\cdot$hm^{-2})	比例/%	价值/($\cdot$hm^{-2})	比例/%
春季	128	17.98	47	5.66	77	21.12	18	24.46
夏季	111	15.60	188	22.83	79	21.64	19	25.18
秋季	285	40.00	404	49.04	132	36.12	19	25.18
冬季	188	26.43	185	22.47	77	21.12	19	25.18

季节	内蒙古		禹城		常熟		千烟洲	
	价值/($\cdot$hm^{-2})	比例/%	价值/($\cdot$hm^{-2})	比例/%	价值/($\cdot$hm^{-2})	比例/%	价值/($\cdot$hm^{-2})	比例/%
春季	7	21.77	41	27.84	46	50.00	409	26.01
夏季	8	27.89	23	15.52	46	50.00	400	25.43
秋季	9	28.56	36	24.29	−15	−16.30	368	23.37
冬季	7	21.77	47	32.34	15	16.30	396	25.19

草原、禹城冬小麦-夏玉米田和千烟洲双季稻田的价值累积过程呈近似直线，由于常熟小麦-水稻田在 6 月、8 月和 9 月的灌溉量较大，灌溉成本超过了蓄积水的价值，因此，这几个月的累积价值下降（图 4.6）。

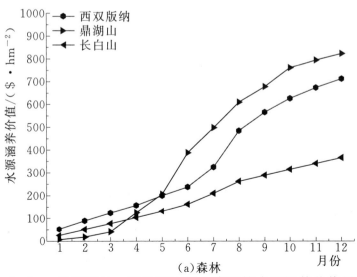

(a)森林

图 4.6（一） 典型森林、草地和农田生态系统水源涵养价值累积过程

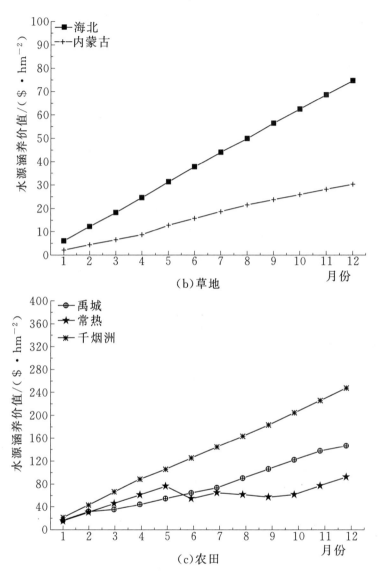

图 4.6（二） 典型森林、草地和农田生态系统水源涵养价值累积过程

4.2.3.3 水源涵养价值与降水量关系

三种森林生态系统月水源涵养价值与月降水量之间都呈现较明显的线性相关关系（表 4.3）。两种草地生态系统中，海北高寒草甸月水源涵养价值与月降水量之间无线性相关关系，内蒙古温带羊草草原月水源涵养价值与月降水量之间具有一定的线性相关关系；三

种农田生态系统月水源涵养价值与月降水量之间无线性相关关系。出现以上现象的原因主要为：森林生态系统月水源涵养价值中包含供水价值，即主要由径流产生的价值，而径流量往往与降水量之间具有线性关系，因此，三种森林生态系统月水源涵养价值与月降水量呈较明显线性相关关系。草地生态系统水源涵养价值主要指截蓄水价值，即由土壤蓄水产生的价值，而土壤含水量一般较稳定，其变化相对于降水有一定的滞后效应，因此，草地生态系统月水源涵养价值与月降水量之间线性关系不明显或无线性关系。农田生态系统水源涵养价值主要指截蓄水价值，而且还扣除了灌溉水的成本，因此，农田生态系统月水源涵养价值与月降水量之间无线性相关关系。

表 4.3　四种生态系统月水源涵养价值与月降水量之间的线性关系

生态系统	线性关系式
西双版纳森林	$y = 25.30548 + 0.2702x$，$R^2 = 0.57$，$p < 0.01$
鼎湖山森林	$y = 1.98645 + 0.41839x$，$R^2 = 0.79$，$p < 0.01$
长白山森林	$y = 23.71079 + 0.1102x$，$R^2 = 0.64$，$p < 0.01$
内蒙古草原	$y = 2.21885 + 0.01468x$，$R^2 = 0.50$，$p < 0.01$

注　y 为月水源涵养价值，$\$ \cdot hm^{-2}$；$x$ 为月降水量，mm。

4.3　小结

本研究利用中国生态系统研究网络（CERN）数据，基于生态系统水源涵养服务的过程，刻画了中国几种典型森林、草地和农田生态系统水源涵养服务及其价值在年内的动态变化过程，揭示了不同类型生态系统水源涵养服务的形成机制和演变规律。森林、草地和农田生态系统提供的水源涵养服务种类、大小和动态变化过程不同，不同的森林、草地、农田生态系统的水源涵养服务大小和动态变化过程也存在差异。

按照水源涵养量从大到小几种典型生态系统的排序为西双版纳

热带季节雨林（12108 $m^3 \cdot hm^{-2} \cdot a^{-1}$）＞鼎湖山亚热带季风常绿阔叶林（11484 $m^3 \cdot hm^{-2} \cdot a^{-1}$）＞长白山温带阔叶红松林（7318 $m^3 \cdot hm^{-2} \cdot a^{-1}$）≈千烟洲亚热带双季稻田（7214 $m^3 \cdot hm^{-2} \cdot a^{-1}$）＞禹城温带冬小麦-夏玉米田（5075 $m^3 \cdot hm^{-2} \cdot a^{-1}$）≈常熟亚热带冬小麦-水稻田（5052 $m^3 \cdot hm^{-2} \cdot a^{-1}$）＞海北高寒草甸（1980 $m^3 \cdot hm^{-2} \cdot a^{-1}$）＞内蒙古温带羊草草原（803 $m^3 \cdot hm^{-2} \cdot a^{-1}$）。森林生态系统水源涵养价值最大（西双版纳森林为 712 \$ $\cdot hm^{-2} \cdot a^{-1}$、鼎湖山森林为 823 \$ $\cdot hm^{-2} \cdot a^{-1}$、长白山森林为 366 \$ $\cdot hm^{-2} \cdot a^{-1}$），其次为农田生态系统（禹城农田为 147 \$ $\cdot hm^{-2} \cdot a^{-1}$、常熟农田为 92 \$ $\cdot hm^{-2} \cdot a^{-1}$、千烟洲农田为 247 \$ $hm^{-2} \cdot a^{-1}$），草地生态系统最小（海北高寒草甸为 75 \$ $\cdot hm^{-2} \cdot a^{-1}$、内蒙古草原为 30 \$ $\cdot hm^{-2} \cdot a^{-1}$）。

可见，森林生态系统的水源涵养量和水源涵养价值都高于农田和草地生态系统，农田生态系统高于草地生态系统。生态系统的月水源涵养量的动态变化主要受降雨、植被生长周期以及土壤条件的影响。森林、草地和农田生态系统的月水源涵养量都为正值，月水源涵养曲线都上下波动。森林和农田生态系统的月水源涵养曲线都出现峰值，但是出现峰值的月份不同，草地生态系统的峰值不明显。森林生态系统和草地生态系统的月水源涵养价值都为正值，农田生态系统中出现了负值，这与扣除灌溉成本有关。森林生态系统的月水源涵养价值曲线都出现波峰，农田生态系统不仅有波峰而且还有波谷，草地生态系统的峰值不明显。

生态系统具有重要的水源涵养服务价值已经成为人类的共识，但是在衡量该部分价值时依然存在着不少争议，各计算结果也不尽相同。这要求我们必须形成一套统一的方法体系来衡量生态系统的水源涵养服务，以便分析对比不同生态系统的水源涵养服务，更好地管理和规划生态系统。首先是水源涵养物理量计算方法的不同。目前，水量平衡法、蓄水能力法、降水贮存法和径流量法是应用较多的方法。其中，水量平衡法基于水量平衡公式来计算水调节和水供给量，主要应用于区域尺度（郑淑华等，2009；王兵等，2009）。蓄水能力法是根据生态系统各层，包括土壤层、植被层和地表层的蓄水能力来计算生态系统的水调节量，既可以用于区域尺度，也可以用于局地尺度（Zhang et al.，2010）。降水贮存法主要利用生态系统贮存降水的能力来计算水调节服务，主要用于区域尺度（姜立鹏等，2007；赵同谦等，2004）。径流法是依据径流量计算生态系统的水供给量，也主要用于区域尺度（Chisholm，2010）。本章中，我们的主要目的是基于生态系统的结构和功能对比分析不同生态系统的水源涵养服务大小和动态变化过程的差异。中国生态系统研究网络（CERN）提供了从更深层次上更加细致地描绘局地尺度上生态系统水源涵养服务动态变化过程所需的数据。因此，我们运用综合蓄水能力法来计算生态系统水源涵养量，运用径流量法计算水供给量。

影响水源涵养服务价值大小的另外一个重要因素是水单价的确定。目前，在国内为大家所接受的是用水库投资成本法来计算水调节服务价值的大小（郑淑华等，2009；王兵等，2009；姜立鹏等，2007；赵同谦等，2004），用水资源费法计算水供给价值量的大小（Zhang et al.，2010）。但是，在用水库投资成本计算水调节服务价值的时候，以往的研究忽略了水库投资成本为"存量"而非"流量"。在此，我们运用贴现率修正了这一不足。

基于CERN的研究结果反映了生态系统水源涵养服务的现状。但是，为了更好对管理、规划、保护和利用生态系统，我们应该在长时间尺度上监测和研究生态系统水源涵养服务的动态变化过程。

第5章 土壤保持

　　土壤保持是森林、草地和农田等生态系统的一项重要生态系统服务。众多的生态系统服务研究中都涉及了土壤保持服务。我国幅员辽阔，土壤侵蚀侵蚀类型多样，然而，在已有的土壤保持价值评估中，并未明确区分侵蚀类型的区别，比如风力侵蚀、水力侵蚀的影响因子和计算方法不同。本研究基于中国生态系统研究网络（CERN）数据，参考不同站点的主要侵蚀类型，评估森林、草地和农田生态系统的年土壤保持价值，刻画不同生态系统类型年内土壤保持服务及价值的动态过程曲线，并进行对比分析。

5.1　研究方法

5.1.1　通用水土流失方程（USLE）

　　运用通用土壤流失方程（USLE）来估算潜在土壤侵蚀量和现实土壤侵蚀量，两者之差即为土壤保持量。

　　潜在土壤侵蚀量指生态系统在没有植被覆盖和水土保持措施情况下的土壤侵蚀量，即 $C=1$，$P=1$ 时的土壤侵蚀量：

$$A_p = R \cdot K \cdot LS \tag{5.1}$$

　　现实土壤侵蚀量考虑地表覆盖和水土保持因素，其计算公式为：

$$A_r = R \cdot K \cdot LS \cdot C \cdot P \tag{5.2}$$

　　由式（5.1）和式（5.2）可以计算土壤保持量：

$$A_c = A_p - A_r \tag{5.3}$$

式中：A_p 为单位面积潜在土壤侵蚀量，$t \cdot hm^{-2}$；A_r 为单位面积现实土壤侵蚀量，t・hm^{-2}；A_c 为单位面积土壤保持量，t・hm^{-2}；R 为降雨侵蚀力因子；K 为土壤可蚀性因子；LS 为坡长坡度因子；C 为地表植被覆盖因子；P 为土壤保持措施因子。

（1）R 值的计算。降雨侵蚀力因子 R 反映了降雨因素对土壤的潜在侵蚀作用，是导致土壤侵蚀的主要动力因素。选用日雨量模型计算各月降雨侵蚀力（章文波等，2003）：

$$M_i = \alpha \sum_{j=1}^{k} (D_{i,j})^{\beta} \tag{5.4}$$

$$\beta = 0.8363 + \frac{18.144}{P_{d12}} + \frac{24.455}{P_{y12}} \tag{5.5}$$

$$\alpha = 21.586\beta^{-7.1891} \tag{5.6}$$

式中：M_i 表示第 i 月时段的降雨侵蚀力值，MJ・mm・hm^{-2}・h^{-1}；α 和 β 是模型参数；k 表示该月时段的天数；$D_{i,j}$ 表示 i 月时段内第 j 天的日雨量，要求日雨量≥12mm，否则以 0 计算；P_{d12} 表示日雨量≥12mm 的日平均雨量，mm；P_{y12} 表示日雨量≥12mm 的年总雨量，mm。

（2）K 值的计算。K 为土壤可蚀性因子，用于反映土壤对侵蚀的敏感性。土壤可蚀性与土壤机械组成和有机碳含量有密切关系。K 值的计算公式为（Williams 和 Arnold，1997）：

$$K = 0.1317\{0.2 + 0.3\exp[-0.0256 \times SAN \times (1 - SIL/100)]\}$$

$$\left[\frac{SIL}{CLA + SIL}\right]^{0.3} \left[1.0 - \frac{0.25C}{C + \exp(3.72 - 2.95C)}\right]$$

$$\left[1.0 - \frac{0.7SN1}{SN1 + \exp(-5.51 + 22.9SN1)}\right] \tag{5.7}$$

式中：K 为土壤可蚀性因子，t・hm^2・h・MJ^{-1}・hm^{-2}・mm^{-1}；SAN、SIL、CLA 和 C 是砂粒（0.05~2mm）、粉粒（0.002~0.05mm）、黏粒（<0.002mm）和有机碳含量（%）；$SN1 = 1 - SAN/100$。

（3）LS 的计算。LS 为坡长坡度因子，反映了坡长和坡度对坡面产流和侵蚀的影响。江忠善等建立了坡长坡度因子的计算公式

（江忠善等，2005）：

$$LS = \left(\frac{\lambda}{20}\right)^m \left(\frac{\theta}{10}\right)^n \tag{5.8}$$

式中：λ 为坡长，m；θ 为坡度，（°）；m 为坡长指数；n 为坡度指数。当 $\theta \leqslant 5°$ 时，$m = 0.15$；当 $5° < \theta \leqslant 12°$ 时，$m = 0.2$；当 $12° < \theta \leqslant 22°$ 时，$m = 0.35$；当 $22° < \theta < 35°$ 时，$m = 0.45$。全国坡度指数 n 值主要集中在 $1.3 \sim 1.4$ 之间，本研究 n 值取 1.35。CERN 样地大小为 100 m×100 m，因此本研究 λ 值为 100 m。

（4）C 值的计算。C 为植被覆盖因子，其反映了不同地面植被覆盖状况对土壤侵蚀的影响。由于西双版纳森林和鼎湖山森林终年常绿，植被盖度变化不大，不考虑 C 值的年内动态变化。对于长白山森林则根据植被盖度与归一化植被指数（$NDVI$）的线性关系计算各月植被盖度（马超飞等，2001）：

$$c = 108.49NDVI + 0.717 \tag{5.9}$$

结合运用江忠善等（2005）和蔡崇法（2000）的方法计算 C 值：

当 $0 < c < 78.3\%$ 时，$C = 0.6508 - 0.3436 \lg c$； $\tag{5.10}$

当 $c \geqslant 78.3\%$ 时，$C = e^{-0.0085(c-5)^{1.5}}$ $\tag{5.11}$

式中：c 为植被覆盖度，%；e 为自然对数底值。

（5）P 值的计算。P 为土壤保持措施因子，CERN 长期定位观测样地较少受到外界干扰，因此水土保持措施因子 P 值取 1.00。

5.1.2　帕萨克（Pasak）模型

本研究选用帕萨克（Pasak）模型，并对其进行了一定的修订，来计算风力侵蚀的大小。选用该模型，一方面是因为其他大部分风力侵蚀模型是基于农田实验基础上（董志宝等，1999），另一方面本研究的时间尺度为日，而其他大部分研究的时间尺度为年。虽然，帕萨克（Pasak）模型为单一事件模型，但在本研究中的风速采用时风速，这弥补了单一事件模型的不足。此外，本研究引入了起沙风速的概念，使得模型的计算更加科学合理。本模型计算出的内蒙古温带草原潜在侵蚀量与欧阳志云等（1999）的研究接近，这说明该方法是可行的，具有一定的准确性。

帕萨克（Pasak）模型计算公式如下：

$$E = 22.02 - 0.72P - 1.69V + 2.64R_r \qquad (5.12)$$

式中：E 为风蚀量，$kg \cdot hm^{-2}$；P 为不可蚀颗粒所占百分比；V 为土壤相对湿度；R_r 为风速，$km \cdot h^{-1}$（Blanco and Lal，2011）。利用植被覆盖度，通过引入起沙风速概念，对公式中的风速 R_r 进行了修订。根据相关文献（周兴民，2001），将粒径大于 1.00mm 的土壤颗粒作为不可蚀颗粒，然后根据土壤的机械组成，计算不可蚀颗粒所占百分比。风速采用时风速计算。

实际风速只有达到起沙风速时，土壤侵蚀才会发生。利用青海共和盆地半干旱典型草原地区的临界风速与地表覆盖率之间的关系为（张春来等，2003），计算海北高寒草甸的临界起沙风速：

$$U_0 = 5.56158 + 1.63299e^{(VC/38.6747)} \quad R^2 = 0.974 \qquad (5.13)$$

式中：U_0 为起沙的临界风速，$m \cdot s^{-1}$；VC 为植被覆盖度，%。

研究报道，内蒙古的起沙风速为 $6m \cdot s^{-1}$（金争平和史培军，1987），内蒙古后山地区草地覆盖率为 22% 的风蚀临界风速为 $12m \cdot s^{-1}$，覆盖率为 60% 的临界风速为 $14m \cdot s^{-1}$，覆盖率为 86% 时没有明显的临界风蚀速度（孙悦超，2008），根据此计算内蒙古温带草原的临界起沙风速。比较现实风速和起沙风速，在现实风速大于起沙风速的情况下，根据式（5.12）计算风力侵蚀量。

不可蚀颗粒所占比重与土壤类型和气候条件有关，本章所采用的 1mm 粒径是内蒙古地区的研究成果。由于海北高寒草甸相关研究资料少，因此，本章亦采用 1mm 作为该地区的可蚀颗粒的临界值，给土壤保持价值服务计算结果带来一定的偏差。

5.1.3 价值量计算方法

水力侵蚀条件下，生态系统土壤保持价值可以分为保持土壤养分价值、减少土地废弃价值和减少泥沙淤积价值三部分。

保持土壤养分价值主要指生态系统保持土壤中 N、P、K 营养元素的经济价值，根据土壤养分的平均含量，计算生态系统保持土壤营养物质的经济价值：

$$V_a = A_c(C_N P_N T_N + C_P P_P T_P + C_K R_K T_K) \qquad (5.14)$$

式中：V_a 为保持土壤养分价值，元·hm^{-2}；C_N、C_P、C_K 分别为土壤中碱解氮、有效磷、速效钾含量，%；P_N、P_P、P_K 分别为 N、P、K 肥市场价格，元·t^{-1}。T_N、T_P、T_K 分别为碱解氮、有效磷和速效钾折算成碳酸氢铵、过磷酸钙和氯化钾的系数。

根据土壤保持量和土壤厚度来推算因土壤侵蚀而造成的废弃土地面积，再用机会成本法计算得因土地废弃而失去的经济价值（肖寒等，2000；肖玉，2003）：

$$V_b = A_c B/(\rho \cdot h \cdot 10000) \qquad (5.15)$$

式中：V_b 为减少土地废弃的经济价值，元·hm^{-2}；ρ 为土壤容重，$t \cdot m^{-3}$；h 为土壤厚度，m；B 为土地年均收益，元·hm^{-2}。

按照泥沙运动规律，西双版纳和长白山地区土壤流失的泥沙淤积于水库、江河、湖泊的比例分别为 16% 和 47%（Syvitski et al.，2005），根据库容成本计算生态系统减少泥沙淤积灾害的价值：

$$V_c = f \cdot A_c \cdot C/\rho \qquad (5.16)$$

式中：V_c 为减少泥沙淤积经济效益，元·hm^{-2}；f 为泥沙淤积于水库、江河、湖泊的比例，%；A_c 为土壤保持量，t；C 为水库工程费用，元·m^{-3}；ρ 为土壤容重，$t \cdot m^{-3}$。

土壤保持价值流的计算公式如下：

$$V = V_a + V_b + V_c \qquad (5.17)$$

风力侵蚀下，土壤保持量的价值主要体现在保持土壤养分价值、减少土地废弃价值、减少沙尘天气价值三部分。由于目前在减少沙尘天气方面尚没有好的评价方法，因此本文主要考虑土壤养分的保持和废弃土地的减少两部分价值。具体计算方法同水力侵蚀条件。

5.2 数据来源

森林生态系统：选择长白山阔叶红松林、鼎湖山季风常绿阔叶林和西双版纳热带季节雨林为研究对象。USLE 模型中所需的日降水量、砂粒（0.05～2mm）、粉粒（0.002～0.05mm）、黏粒（<0.002mm）和有机碳含量、坡长和坡度、植被盖度，以及价值量计算中所需的土壤容重、土层厚度、速效氮、有效磷、速效钾含量来源于以上定位观测站。所用数据为 2001—2006 年的数据，年内土壤保持服务研究为这 6 年数据的平均值。价值量计算过程中的单价来源于文献数据（靳芳等，2007）。

草地生态系统：植被盖度、风速和土壤相对湿度选用 2005 年数据，其中植被盖度和风速来源于海北高寒草甸生态系统和内蒙古温带草原生态系统定位研究站的监测数据，土壤相对湿度来源于国家气候中心网站。不可蚀颗粒所占比重和土壤营养物质含量来源于文献数据（周兴民，2001；董治宝和陈广庭，1997；许中旗等，2006）。

农田生态系统：选择陕西长武站和四川盐亭站的农田生态系统为研究对象。两者的种植方式都为冬小麦-夏玉米，两年三熟制。USLE 模型中所需的日降水量、砂粒（0.05～2mm）、粉粒（0.002～0.05mm）、黏粒（<0.002mm）和有机碳含量、坡长和坡度、植被盖度，以及价值量计算中所需的土壤容重、土层厚度、速效氮、有效磷、速效钾含量来源于以上定位观测站。所用数据为 2007 年的数据。

5.3 研究结果

5.3.1 森林生态系统

5.3.1.1 降雨量和降雨侵蚀力

长白山温带阔叶红松林、鼎湖山亚热带季风常绿阔叶林和西双版纳热带季节雨林的年降雨量分别为 703.4mm、1815.45mm 和

1365.23mm，其比值为 1∶2.58∶1.94；并不是所有的降雨都能产生土壤侵蚀，只有达到降雨侵蚀力的才能产生土壤侵蚀。长白山温带阔叶红松林、鼎湖山亚热带季风常绿阔叶林和西双版纳热带季节雨林的年降雨侵蚀力分别为 1597.33MJ•mm•hm^{-2}•h^{-1}、11544.35MJ•mm•hm^{-2}•h^{-1} 和 7697.71MJ•mm•hm^{-2}•h^{-1}，其比值为 1∶7.23∶4.82。

　　长白山温带阔叶红松林和西双版纳热带季节雨林的月降雨量呈现明显单峰型，两者的最大值都出现在 7 月；鼎湖山亚热带季风常绿阔叶林的月降雨量变化曲线呈现"一大一小"两个峰值，最大值出现在 6 月（图 5.1）。长白山温带阔叶红松林和鼎湖山亚热带季风常绿阔叶林的月降雨侵蚀力变化曲线与各自的降雨量变化曲线一致，而西双版纳的降雨侵蚀力的变化曲线与降水量曲线稍有变化（图 5.2），主要表现在 6 月的降雨侵蚀力比 5 月和 7 月都低，尽管 6 月的总降雨量（207.67mm）和引起侵蚀的降雨量（152.53mm）都高于 5 月（162.17mm 和 125.13mm）和 7 月（311.03mm 和 259.87mm）。

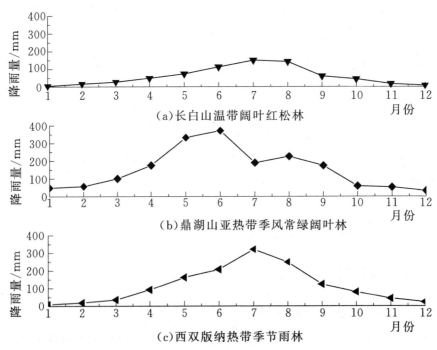

(a)长白山温带阔叶红松林

(b)鼎湖山亚热带季风常绿阔叶林

(c)西双版纳热带季节雨林

图 5.1　典型森林生态系统月降雨量变化过程

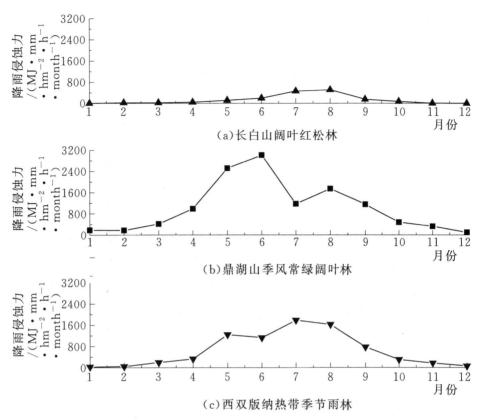

图 5.2 典型森林生态系统降雨侵蚀力变化过程

5.3.1.2 现实侵蚀量

长白山阔叶红松林、鼎湖山季风常绿阔叶林和西双版纳热带季节雨林的年现实土壤侵蚀量分别为 $0.28t \cdot hm^{-2} \cdot a^{-1}$、$8.49t \cdot hm^{-2} \cdot a^{-1}$ 和 $0.79t \cdot hm^{-2} \cdot a^{-1}$。根据《土壤侵蚀分类分级标准》（SL 190—2007），长白山阔叶红松林样地和西双版纳热带季节雨林样地属于微度侵蚀，鼎湖山季风常绿阔叶林属于轻度侵蚀。长白山阔叶红松林夏季和秋季每季的侵蚀量各占全年总侵蚀量的 1/3，春季和冬季侵蚀量之和占另外 1/3，其中春季现实侵蚀量占年总侵蚀量的 24.97%。鼎湖山季风常绿阔叶林夏季的侵蚀量最大，占全年总侵蚀量的一半，其次为春季，占全年侵蚀量的 1/3，冬季最少，仅为 3.72%。西双版纳热带季节雨林夏季的侵蚀量最大，占全年总侵蚀量的 60%，其次为春季，占全年侵蚀量的近 1/4，冬季最少，仅为 1.67%。

　　长白山阔叶红松林现实土壤侵蚀量在年内变化主要受降水侵蚀力和植被因子的影响，月土壤侵蚀量上下波动（图 5.3）。其中，1 月和 12 月降水量为零，所以土壤侵蚀量为零。1—4 月，随着降水量的增加，土壤侵蚀量呈现增加趋势；4—6 月，虽然降水量在增加，但是同时植被覆盖度也在增加，导致现实土壤侵蚀量逐渐下降；7 月和 8 月降水量继续增加，导致土壤侵蚀量增加；9 月土壤侵蚀量又有所下降；10 月由于植被覆盖度降低，土壤侵蚀量又上升；11 月由于降水量的减少，土壤侵蚀量连续下降。现实土壤侵蚀最大量出现在 10 月，为 0.06t·hm^{-2}。鼎湖山季风常绿阔叶林现实土壤侵蚀量在年内变化主要受降水侵蚀力的影响，月土壤侵蚀量上下波动。其中，12 月土壤侵蚀量最小，为 0.07t·hm^{-2}；6 月土壤侵蚀量最大，为 2.08t·hm^{-2}。西双版纳热带季节雨林现实土壤侵蚀量在年内变化主要受降水侵蚀力的影响，月土壤侵蚀量上下波动。其中，1 月土壤侵

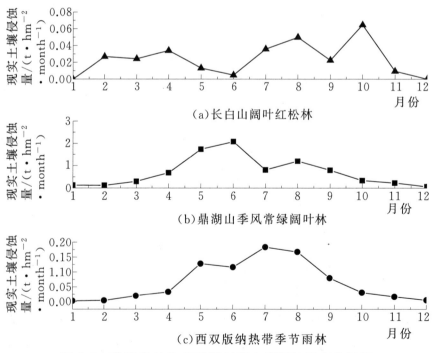

（a）长白山阔叶红松林

（b）鼎湖山季风常绿阔叶林

（c）西双版纳热带季节雨林

图 5.3　典型森林生态系统现实土壤侵蚀量变化过程

蚀量最小，接近于零；7月土壤侵蚀量最大，为 $0.18\text{t}\cdot\text{hm}^{-2}$。

5.3.1.3 潜在侵蚀量

长白山阔叶红松林、鼎湖山季风常绿林和西双版纳热带季节雨林的年潜在土壤侵蚀量分别为 $9.97\text{t}\cdot\text{hm}^{-2}\cdot\text{a}^{-1}$、$3691.90\text{t}\cdot\text{hm}^{-2}\cdot\text{a}^{-1}$ 和 $608.43\text{t}\cdot\text{hm}^{-2}\cdot\text{a}^{-1}$。可见鼎湖山季风常绿阔叶林的潜在土壤侵蚀量远远高于长白山阔叶红松林和西双版纳热带季节雨林。这一方面由于鼎湖山亚热带季风常绿阔叶林的降雨量高于其他两种林型，更因为鼎湖山亚热带季风常绿阔叶林样地的坡度（25°～30°）大于其他两种林型（长白山温带阔叶红松林 2°，西双版纳热带季节雨林 12°～18°）。长白山年潜在土壤侵蚀量主要分布在夏季，占全年总侵蚀量的 73.03%，这主要是因为影响潜在土壤侵蚀量积极分配的主要因素是降水量，长白山温带阔叶红松林夏季的降水量 57.64%，具有侵蚀力的降水也主要分布在夏季，因此潜在土壤侵蚀量主要分布在夏季。冬季分布最少，占全年总侵蚀量的 1.34%。春季和秋季侵蚀分布量基本相等。鼎湖山亚热带季风常绿阔叶林的年潜在土壤侵蚀量的季节分配模式和现实土壤侵蚀量完全一致。这是因为鼎湖山亚热带季风常绿阔叶林一年常绿，因此，在计算植被因子时，认为全年一样。同样，西双版纳热带季节雨林潜在土壤侵蚀量的季节分配模式和现实土壤侵蚀量完全一致。

影响森林生态系统潜在土壤侵蚀量年内动态变化过程的主要因素是降雨量，因此，三种森林类型的月潜在土壤侵蚀量变化曲线与具有侵蚀力的降雨量的变化曲线形态保持一致。

5.3.1.4 土壤保持量

长白山温带阔叶红松林、鼎湖山亚热带季风常绿阔叶林和西双版纳热带季节雨林的年土壤保持量分别为 $9.68\text{t}\cdot\text{hm}^{-2}\cdot\text{a}^{-1}$、$3683.41\text{t}\cdot\text{hm}^{-2}\cdot\text{a}^{-1}$ 和 $607.64\text{t}\cdot\text{hm}^{-2}\cdot\text{a}^{-1}$。可见，鼎湖山亚热带季风常绿阔叶林的土壤保持量远远高于其他两种林型。长白山温带阔叶红松林土壤保持量的季节分布模式与潜在土壤侵蚀量一致。主

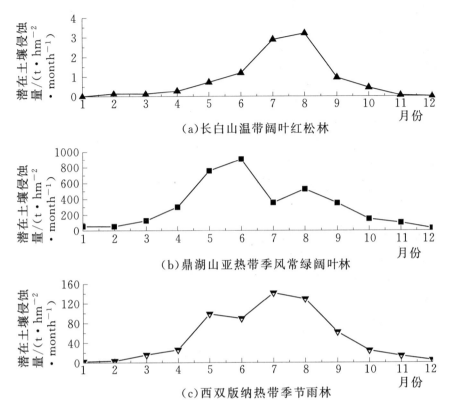

图 5.4　典型森林生态系统潜在土壤侵蚀量变化过程

要分布在春季，占全年总保持量的 74.24%。冬季分布最少，占总保持量的 1.10%。鼎湖山亚热带季风常绿阔叶林和西双版纳热带季节雨林在现实土壤侵蚀和潜在土壤侵蚀共同影响下，土壤保持量的季节分布模式与现实和潜在土壤侵蚀量两者一致。年内，各森林月土壤保持量的变化趋势与潜在土壤保持量的变化趋势一致（图 5.5）。

　　三种典型原始森林生态系统的土壤保持能力都很高，几乎削减了所有潜在的土壤侵蚀量。其中，长白山温带阔叶红松林、鼎湖山亚热带季风常绿阔叶林和西双版纳热带季节雨林的保持能力分别为 97.14%、99.77% 和 99.87%。

　　分析各森林生态系统的月土壤保持量与月降雨量之间的关系，发现两者呈现显著的线性相关关系（图 5.6）。

　　可见，在土壤侵蚀条件较强的地方，植被对于保持土壤侵蚀具有很大的作用。鼎湖山的坡度较高，具有较大的潜在土壤侵蚀能力，但是鼎湖山亚热带季风常绿阔叶林保持了较多的土壤，发挥了很大的土壤保持作用。此外，三种森林生态系统的土壤保持量都与降雨量之间具有较明显的线性相关关系，可见，在一定范围内，随着降雨侵蚀力的增强，森林生态系统的土壤保持能力增强。

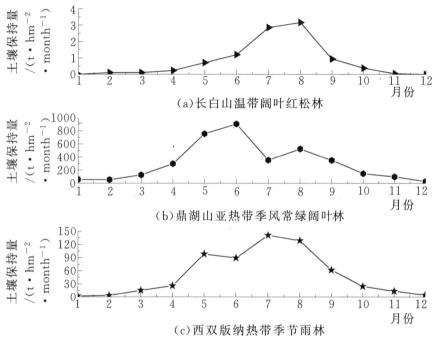

（a）长白山温带阔叶红松林

（b）鼎湖山亚热带季风常绿阔叶林

（c）西双版纳热带季节雨林

图 5.5　典型森林生态系统土壤保持量年内变化过程

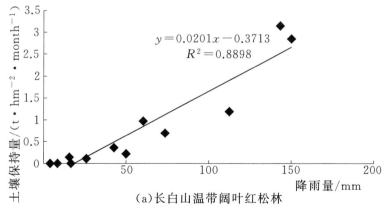

（a）长白山温带阔叶红松林

图 5.6（一）　典型森林生态系统土壤保持量与降雨量之间的关系

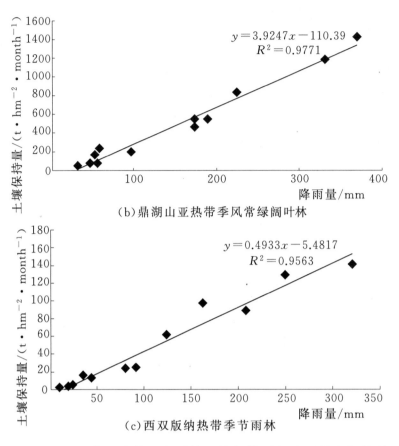

（b）鼎湖山亚热带季风常绿阔叶林

（c）西双版纳热带季节雨林

图5.6（二）　典型森林生态系统土壤保持量与降雨量之间的关系

5.3.1.5　土壤保持价值

　　森林生态系统的保持土壤功能为人类提供养分保持、减少废弃地和减少水库泥沙淤积的服务。长白山温带阔叶红松林养分保持服务为：N 为 $1.13kg \cdot hm^{-2} \cdot a^{-1}$、$P$ 为 $3.68kg \cdot hm^{-2} \cdot a^{-1}$、$K$ 为 $182.22kg \cdot hm^{-2} \cdot a^{-1}$；减少废弃地面积为 $0.0007hm^2$；减少泥沙淤积量为 $4.55t \cdot hm^{-2}$。鼎湖山亚热带季风常绿阔叶林养分保持服务为：N 为 $435.42kg \cdot hm^{-2} \cdot a^{-1}$、$P$ 为 $0.07kg \cdot hm^{-2} \cdot a^{-1}$、$K$ 为 $0.35kg \cdot hm^{-2} \cdot a^{-1}$；减少废弃地面积为 $6.9 \times 10^{-4}hm^2$；减少泥沙淤积量为 $1841.70t \cdot hm^{-2}$。西双版纳热带季节雨林养分保持服务为：N 为 $80.00kg \cdot hm^{-2} \cdot a^{-1}$、$P$ 为 $2.53kg \cdot hm^{-2} \cdot$

a^{-1}、K 为 $61.07\text{kg} \cdot \text{hm}^{-2} \cdot \text{a}^{-1}$；减少废弃地面积为 0.06hm^{-2}；减少泥沙淤积量为 $97.22\text{t} \cdot \text{hm}^{-2}$。

按照所选择的单价计算得出，三种林型中鼎湖山亚热带季风常绿阔叶林的年土壤保持价值最高，为 $324.30 \$ \cdot \text{hm}^{-2} \cdot \text{a}^{-1}$；其次是西双版纳热带季节雨林，价值为 $73.92 \$ \cdot \text{hm}^{-2} \cdot \text{a}^{-1}$；长白山温带阔叶红松林最低，价值为 $0.80 \$ \cdot \text{hm}^{-2} \cdot \text{a}^{-1}$。总价值中的保持养分、减少废弃地和减少泥沙淤积三种价值所占的比例各不相同（图 5.7、图 5.8 和图 5.9）。长白山温带阔叶红松林土壤保持价值中，减少泥沙淤积价值所占比例最高，为 63.05%；减少废弃地价值最低，比例为 2.41%。鼎湖山亚热带季风常绿阔叶林总价值构成与长白山阔叶红松林相似，减少泥沙淤积价值所占的比重最大，为 64.84%；减少废弃地价值最低，为 2.91%。西双版纳热带季节雨林总价值构成有所不同，养分保持价值最高，所占比例为 65.32%；减少泥沙淤积价值最低，为 4.26%。

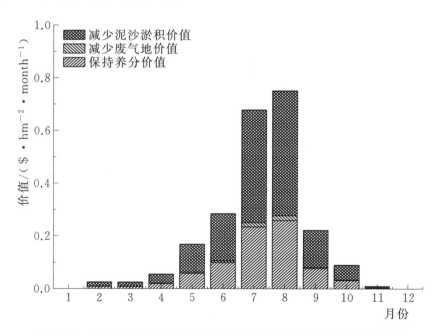

图 5.7　长白山温带阔叶红松林土壤保持价值及各部分组成

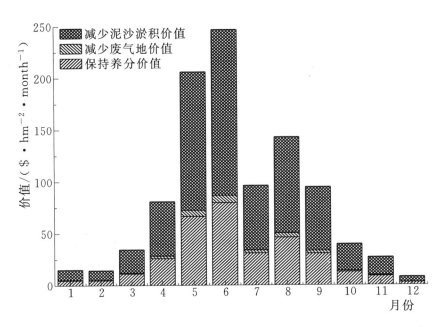

图 5.8　鼎湖山亚热带季风常绿阔叶林土壤保持价值及各部分组成

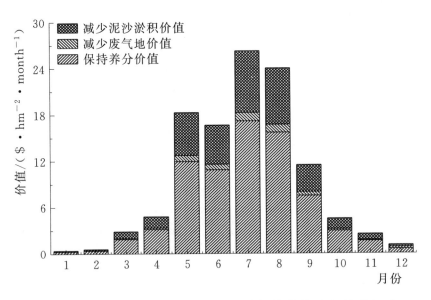

图 5.9　西双版纳热带季节雨林土壤保持价值及各部分组成

5.3.2 草地生态系统

5.3.2.1 现实土壤侵蚀量

海北高寒草甸和内蒙古温带草原的现实年土壤侵蚀量分别为 11.15t·hm^{-2} 和 63.95t·hm^{-2}，根据《土壤侵蚀强度分类分级标准》（SL 190—1997），2005 年海北高寒草甸风力侵蚀强度为轻度，内蒙古温带草原风力侵蚀为强度。海北高寒草甸的风力侵蚀主要发生在 12 月至次年 4 月；5—11 月的土壤侵蚀量为零，其中 5—9 月是海北高寒草甸植被生长最好的时候。内蒙古温带草原的风力侵蚀主要发生在春季（3—5 月），占全年风力侵蚀量的 73%，这与内蒙古温带草原春季多大风有关。夏季、秋季和冬季的风力侵蚀量接近（图 5.10）。

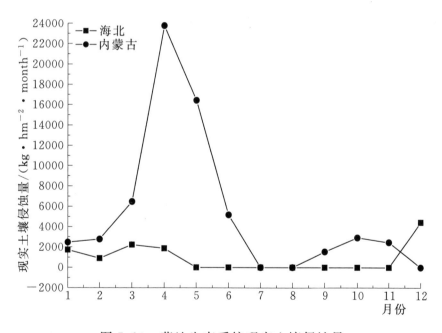

图 5.10　草地生态系统现实土壤侵蚀量

5.3.2.2 潜在土壤侵蚀量

海北高寒草甸和内蒙古温带草原的潜在年土壤侵蚀量分别为 30.74t·hm^{-2} 和 187.16t·hm^{-2}，其中内蒙古的研究结果与欧阳志云等的研究所采用的侵蚀模数的低限 192t·hm^{-2} 接近（欧阳志云等，1999）。海北高寒草甸的潜在风力侵蚀也主要发生在 12 月至次年 4 月，这 4 个月的潜在侵蚀量占全年总潜在侵蚀量的 71%。内蒙古温带草原的潜在侵蚀量出现一大一小两个峰值，分别是春季（3—5 月）和秋季（9—11 月）。其中，春季的侵蚀量占全年总侵蚀量的 49%，秋季的占 28%（图 5.11）。

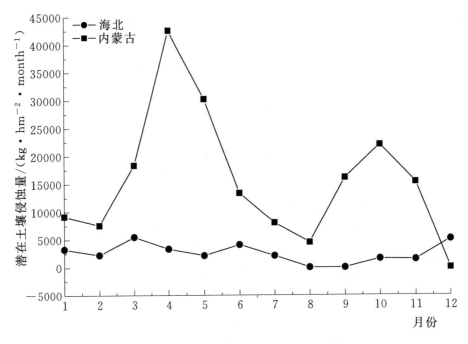

图 5.11　草地生态系统潜在土壤侵蚀量

5.3.2.3　土壤保持服务流量过程

（1）日流量过程。草地生态系统土壤保持服务的提供是非连续的、离散的（图 5.12、图 5.13）。只有在风速大于起沙风速时，草地生态系统阻止风力侵蚀土壤的功能才发挥。日土壤保持量的大小取决于当日风速、植被覆盖和潜在土壤侵蚀量的大小。

2005 年，海北高寒草甸提供防止土壤风蚀服务的天数为 26d，日均土壤保持量和土壤保持价值分别为 54 kg·hm^{-2}·d^{-1}，0.09 \$·hm^{-2}·d^{-1}；内蒙古温带草原提供防止土壤风蚀服务的天数为

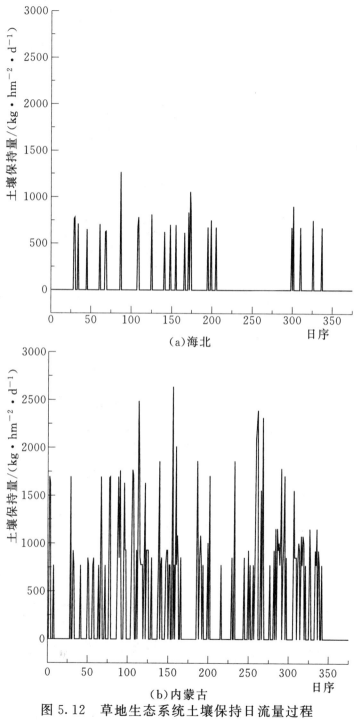

（a）海北

（b）内蒙古

图 5.12 草地生态系统土壤保持日流量过程

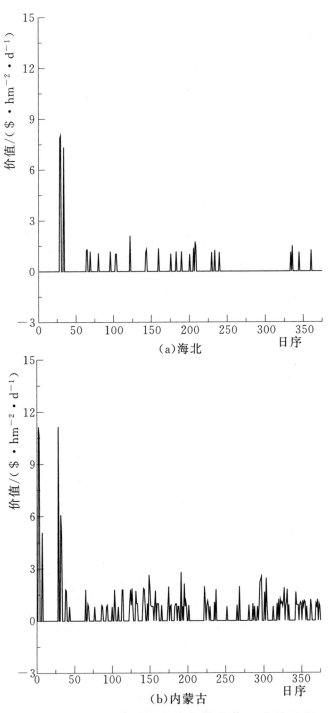

（a）海北

（b）内蒙古

图 5.13　草地生态系统土壤保持价值日流量过程

112d，日均土壤保持量和土壤保持价值分别为 338 kg・hm^{-2}・d^{-1}，0.36 \$・hm^{-2}・d^{-1}。可见，海北高寒草甸防止土壤风蚀服务的天数和日均土壤保持总量和价值都远小于内蒙古温带草原。

（2）月流量过程。海北高寒草甸的月均土壤保持量和土壤保持价值都低于内蒙古温带草原，分别为 1632 kg・hm^{-2}・month^{-1}，2.70 \$・hm^{-2}・month^{-1} 和 10267 kg・hm^{-2}・month^{-1}，11.13 \$ hm^{-2}・month^{-1}。2005 年，海北高寒草甸和内蒙古温带草原分别有 10 个月和 11 个月在防止土壤风蚀发生（图 5.14 和图 5.15）。其中，海北高寒草甸月土壤保持量和价值最大月份为 6 月，内蒙古温带草原为 10 月。此外，在内蒙古温带草原，4 月的土壤保持量和土壤保持价值与 10 月的相比相差不大，在 4 月和 10 月各呈现一个峰值。

比较两种草原生态系统土壤保持服务分布发现，海北高寒草甸主要在春季和夏季防止土壤风蚀发生，土壤保持量和价值在春季和夏季所占的比例分别为 34.85％和 31.51％；内蒙古温带草原则主要在春季和秋季防止土壤风蚀发生，土壤保持量和价值在春秋两季所占的比例分别为 37.79％和 36.79％（表 5.1）。

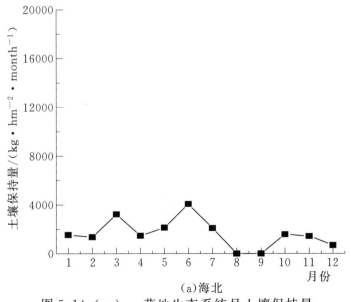

(a)海北

图 5.14（一）　草地生态系统月土壤保持量

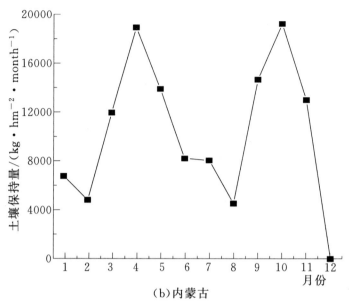

（b）内蒙古

图 5.14（二）　草地生态系统月土壤保持量

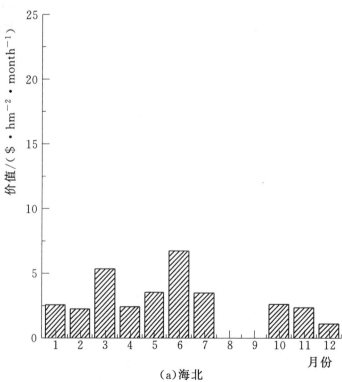

（a）海北

图 5.15（一）　草地生态系统土壤保持月价值

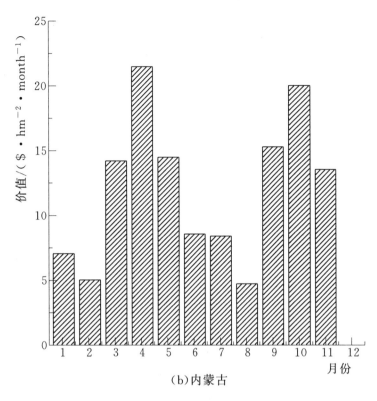

(b)内蒙古

图 5.15（二）　草地生态系统土壤保持月价值

表 5.1　　　草地生态系统保持土壤服务价值季节比例　　　　　％

季节	海北高寒草甸	内蒙古温带草原
春季	34.85	37.79
夏季	31.51	16.32
秋季	15.35	36.79
冬季	18.29	9.10

　　同一地点的潜在风力侵蚀量的大小主要与风力有关，风速越大，侵蚀量越大。现实侵蚀量的大小受风力、植被的综合影响。海北高寒草甸在 3 月、6 月和 12 月的潜在侵蚀量接近，但是，6 月的现实侵蚀量为零。这主要是 6 月的植被生长条件比 3 月和 12 月好得多的原因。

　　内蒙古温带草原风蚀土壤保持年价值为海北高寒草甸年价值的

7 倍，这主要是因为内蒙古地区的累积起沙风速高于海北地区，植被覆盖条件下，内蒙古地区的年累积起沙风速是海北地区的 9 倍。但是，这并不意味着海北高寒草甸在防风固沙作用弱，恰恰相反，由于海北高寒地区的土层比较薄，易遭到风蚀侵害，因此，海北高寒草甸防止土壤风蚀的作用非常重要。

5.3.2.4 价值累积过程

一年中，尽管草地生态系统在风蚀条件下保持土壤功能的发挥是离散的，但是土壤保持价值是逐渐累积的。内蒙古温带草原和海北高寒草甸土壤保持价值累积过程呈现上升趋势，内蒙古温带草原土壤保持月价值始终处于海北高寒草甸之上（图 5.16）。海北高寒草甸的年土壤保持量和价值分别为 19.59t·hm^{-2}，32.45 \$·hm^{-2}；内蒙古温带草原的年土壤保持量和价值分别为 123.32t·hm^{-2}，133.52 \$·hm^{-2}。土壤保持价值构成中，保持土壤养分的价值所占比例高达 99%，减少废弃地的价值所占比例还不足 1%，这与草地的经济价值低有关。

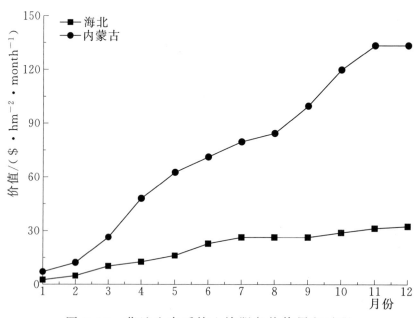

图 5.16 草地生态系统土壤服务价值累积过程

5.3.3 农田生态系统

5.3.3.1 降雨量和降雨侵蚀力

长武农田和盐亭农田的年降水量分别为 481.8mm 和 799.2mm，其比值为：1∶1.66；年降雨侵蚀力分别为 410.34MJ・mm・hm^{-2}・h^{-1} 和 4851.30MJ・mm・hm^{-2}・h^{-1}，其比值为 1∶11.82。可见，盐亭农田的一次降水量比较大，也即 ≥20mm 的降雨比较多。长武农田生态系统的降雨量曲线和降雨侵蚀力的曲线形态不太一致，盐亭农田生态系统的两条曲线形态基本一致（图 5.17）。长武农田的最大月降雨量出现在 7 月（119.40mm），但是，最大月降雨侵蚀力却出现

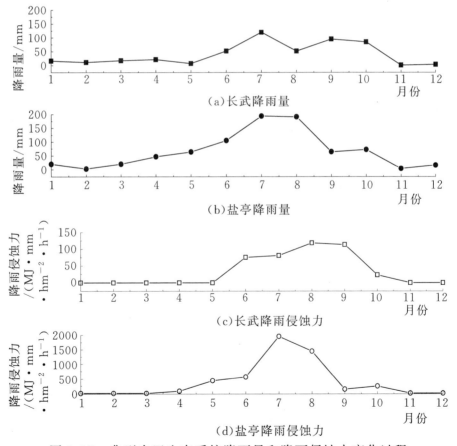

图 5.17 典型农田生态系统降雨量和降雨侵蚀力变化过程

在 8 月（118.11MJ・mm・hm^{-2}・h^{-1}）。盐亭农田生态系统的最大
月降雨量和降雨侵蚀力都出现在 7 月（193.40mm、1956.27MJ・
mm・hm^{-2}・h^{-1}）。长武和盐亭两个农田生态系统的降雨量和降雨
侵蚀力都主要集中在 6—10 月，占全年总降雨量和总降雨侵蚀力的
比例分别为长 83.56%、78.33%和 100%、89.63%。

5.3.3.2　现实土壤侵蚀量和潜在土壤侵蚀量

长武农田和盐亭农田的年现实土壤侵蚀量分别为 0.91t・
hm^{-2}・a^{-1}和 18.26t・hm^{-2}・a^{-1}。根据《土壤侵蚀分类分级标准》
（SL 190—2007），长武农田属于微度侵蚀，盐亭农田属于轻度侵
蚀。长武农田的现实土壤侵蚀量全部分布在 6—10 月，也即夏季和
秋季。这主要是因为春季和冬季的一次降雨量小，形不成降雨侵蚀
力，无法造成土壤侵蚀。盐亭农田的现实土壤侵蚀量也主要分布在
6—10 月，占全年总侵蚀量的 84.04%，且又主要集中在夏季（6—
8 月），占全年总侵蚀量的 74.66%。长武和盐亭农田现实土壤侵蚀
量在年内变化主要受降水侵蚀力和植被因子的影响，月土壤侵蚀量
上下波动（图 5.18）。长武农田的降雨侵蚀力在 1—5 月、11 月和
12 月为零，现实土壤侵蚀量在这几个月为零；盐亭农田的降雨侵
蚀力在 1—3 月、11 月和 12 月为零，现实土壤侵蚀量在这几个月为
零。长武和盐亭农田的现实土壤侵蚀量变化曲线基本呈现单峰形
态，只是长武农田在 7 月土壤侵蚀量略有下降。长武和盐亭农田的
月现实土壤侵蚀量最大值分别在 6 月和 7 月，值分别为 0.22t・
hm^{-2}和 7.30t・hm^{-2}。

盐亭农田的潜在土壤侵蚀量远远大于长武农田，分别为
41.44t・hm^{-2}・a^{-1}和 3.99t・hm^{-2}・a^{-1}。这主要是由于盐亭农田的
具有侵蚀力的降雨量远远大于长武农田，年降雨侵蚀力是盐亭农田
的 11.82 倍。两个农田的潜在土壤侵蚀量的季节分配模式与现实土壤
侵蚀量的分配模式基本一致，潜在土壤侵蚀量曲线与现实土壤侵蚀
量的曲线形态稍有不同。长武和盐亭农田的月潜在土壤侵蚀量最大
值分别在 8 月和 7 月，值分别为 1.15t・hm^{-2}和 16.71t・hm^{-2}。

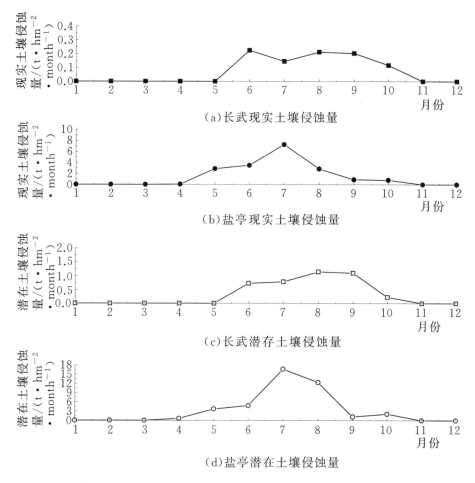

图 5.18 典型农田现实土壤侵蚀量和潜在土壤侵蚀量年内动态变化过程

5.3.3.3 土壤保持量

盐亭农田的年土壤保持量大于长武农田，分别为 23.18t·hm^{-2}·a^{-1} 和 3.08t·hm^{-2}·a^{-1}。但是，长武农田的土壤保持率高于盐亭，分别为 77.27% 和 55.94%。长武农田和盐亭农田的月土壤保持量的变化曲线都呈现单峰值。长武和盐亭农田的土壤保持量最大值都出现在 8 月，分别为 0.93t·hm^{-2} 和 9.53t·hm^{-2}。

分析各森林生态系统的月土壤保持量与月降雨量之间的关系，发现盐亭农田的月土壤保持量与降雨量之间呈现明显线性相关关系，长武农田的线性关系不太明显（图 5.20）。

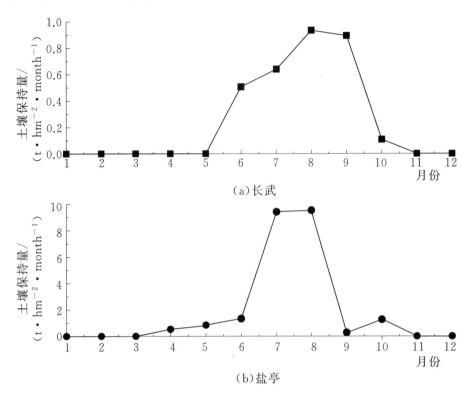

（a）长武

（b）盐亭

图 5.19　典型农田土壤保持量年内动态变化过程

5.3.3.4　土壤保持价值

农田生态系统的土壤保持功能为人类提供保持养分、减少废弃地和减少泥沙淤积的服务。长武农田养分保持量为 $0.21 \text{ N kg} \cdot \text{hm}^{-2} \cdot \text{a}^{-1}$、$0.06 \text{ P kg} \cdot \text{hm}^{-2} \cdot \text{a}^{-1}$、$0.41 \text{ K kg} \cdot \text{hm}^{-2} \cdot \text{a}^{-1}$；减少废弃地面积为 0.0003hm^2；减少泥沙淤积量为 $1.54 \text{t} \cdot \text{hm}^{-2}$。盐亭农田养分保持量为 $1.28 \text{ N kg} \cdot \text{hm}^{-2} \cdot \text{a}^{-1}$、$0.20 \text{ P kg} \cdot \text{hm}^{-2} \cdot \text{a}^{-1}$、$2.75 \text{ K kg} \cdot \text{hm}^{-2} \cdot \text{a}^{-1}$；减少废弃地面积为 0.0027hm^2；减少泥沙淤积量为 $11.59 \text{t} \cdot \text{hm}^{-2}$。按照本文所选择的单价计算得出，盐亭农田的年土壤保持价值高于长武农田，分别为 $15.74 \$ \cdot \text{hm}^{-2} \cdot \text{a}^{-1}$ 和 $1.98 \$ \cdot \text{hm}^{-2} \cdot \text{a}^{-1}$。总价值中的保持养分、减少废弃地和减少泥沙淤积三种价值所占的比例各不相同。农田土壤保持

价值中，减少废弃地价值所占比例最高，其中，长武的为 55.41%，盐亭的为 63.10%；保持养分价值比例最低，长武和盐亭的分别为 17.11% 和 13.44%。

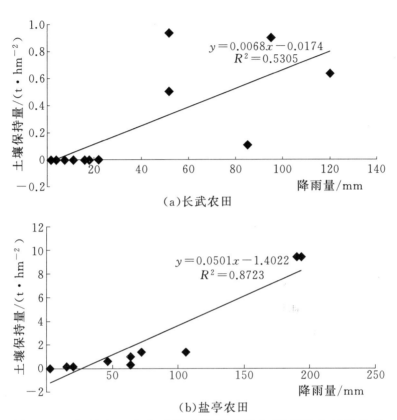

图 5.20　典型农田生态系统土壤保持量与降雨量之间的关系

5.3.4　小结

目前，专门进行生态系统土壤保持服务的研究并不多，大部分都包含在生态系统服务综合价值评价中。而且，所涉及的土壤保持价值研究主要是运用土壤侵蚀模数进行的静态计算，很少考虑土壤侵蚀类型的区别和土壤侵蚀机理，这难以真正反应映态系统状态和服务之间的关系。因此，需要从土壤侵蚀机理出发，在微观尺度上对生态系统保持土壤的服务进行动态研究。本研究对水蚀区和风蚀区的生态系统利用不同的计算公式进行计算。所选择的森林和农田生态系统的侵蚀类型为水蚀，草地生态系统的侵蚀类型为风蚀。水蚀运用通用土壤侵蚀方程（USLE）模型进行计算，风蚀运用帕萨克（Pasak）模型进行计算。

几种典型生态系统按年土壤保持量从大到小排序为鼎湖山亚热带季风常绿阔叶林（3683.41t・hm^{-2}・a^{-1}）＞西双版纳热带季节雨林（607.64t・hm^{-2}・a^{-1}）＞内蒙古温带草原（123.32t・hm^{-2}・a^{-1}）＞盐亭农田（23.18t・hm^{-2}・a^{-1}）＞海北高寒草甸（19.59t・hm^{-2}・a^{-1}）＞长白山温带阔叶红松林（9.68t・hm^{-2}・a^{-1}）＞长武农田（3.08t・hm^{-2}・a^{-1}）；按照年土壤保持价值从大到小排序为鼎湖山亚热带季风常绿阔中林（324.30$・hm^{-2}・a^{-1}）＞内蒙古温带草原（133.52$・hm^{-2}・a^{-1}）＞西双版纳热带季节雨林（73.92$・hm^{-2}・a^{-1}）＞海北高寒草甸（32.45$・hm^{-2}・a^{-1}）＞盐亭农田（15.74$・hm^{-2}・a^{-1}）＞长武农田（1.98$・hm^{-2}・a^{-1}）＞长白山阔叶红松林（0.80$・hm^{-2}・a^{-1}）。

主要受降雨量和植被因子的影响，典型生态系统的土壤保持服务呈现一定的变化趋势。由于降雨量、植被和坡度等的不同，各生态系统变化趋势不同。长白山阔叶红松林、西双版纳热带季节雨林、长武农田和盐亭农田的月土壤保持量呈现明显单峰型，最大值分别出现在 8 月、7 月、8 月和 8 月。鼎湖山季风常绿阔叶林的月土壤保持量变化曲线呈现"一大一小"两个峰值，最大值出现在 6 月。海北高寒草甸和内蒙古温带草原月土壤保持量变化曲线上下波动，呈现多峰状态，最大月份为 6 月和 10 月。

第6章 生物多样性保持

生物多样性保持是森林、草地和农田等生态系统又一项重要的生态系统服务，但是关于其物理量和价值量的测定和评估现在尚未形成较成熟的方法。不同的森林、草地和农田生态系统类型中的生物多样性不同，提供的生物多样性保持服务及价值也不同。本章仅试图通过目前广为大家采用的较简便的方法来衡量我国典型森林、草地和农田生态系统生物多样性保持服务及价值大小，刻画不同生态系统类型生物多样性保持服务及价值年际间的动态变化过程，并对比分析其差异。

6.1 研究方法

收集和整理对长白山温带阔叶红松林样地、鼎湖山亚热带季风常绿阔叶林样地和西双版纳热带季节雨林样地关于植物的长期监测数据，包括乔木层物种组成、灌木层物种组成以及草本层植物物种组成等数据。具体包括乔木层物种、各树种株数、平均高度以及平均胸径；灌木层和草本层的物种、株数以及盖度。

利用上述数据，对所有样地计算常用的 α 多样性指数，包括 Gleason 丰富度指数（G）、Shannon–wiener 多样性指数（H）、Pielou 均匀度指数（E）以及 Simpson 优势度指数（D），以下分别简称丰富度指数（G）、多样性指数（H）、均匀度指数（E）以及优势度指数（D），计算公式分别为：

$$G = S/\ln A \tag{6.1}$$

$$H = \sum P_i \ln P_i \tag{6.2}$$

$$E = H / \ln S \qquad (6.3)$$

$$D = \sum P_i^2 \qquad (6.4)$$

式中：S 为物种总数；A 为样地面积；P_i 为重要值，具体计算方法为：乔木层物种重要值＝（相对高度＋相对显著度＋相对多度）/3，相对高度＝某个种的高度/所有种的总高度，相对显著度＝某个种的基径断面积/所有种的基径断面积之和，相对多度＝某个种的株数/所有种的总株数；灌草层的物种重要值＝（相对盖度＋相对多度）/2，相对盖度＝某个种的盖度/所有种的总盖度。

6.2　研究结果

6.2.1　西双版纳热带季节雨林

6.2.1.1　乔木层

西双版纳热带季节雨林水热条件好，无明显的旱季，物种繁多，层次复杂，竞争激烈。因此，物种丰富度指数较高，1999—2006 年西双版纳热带季节雨林观测场乔木层的丰富度指数（G）为 26.8177～30.2820。在 10000m² 的样地上物种种类数为 247～279。物种分布均匀，均匀度指数（E）为 0.8111～0.8253。优势种不明显，优势度指数（D）为 0.0194～0.0200。乔木层的多样性指数（H）为 4.5442～4.5675。西双版纳热带季节雨林乔木层生物多样性指数变化情况如图 6.1 所示。

这 7 年中，西双版纳热带季节雨林乔木层的生物多样性指数变化幅度不大，其中丰富度指数（G）的变异系数为 3.98%，多样性指数（H）的变异系数为 0.20%，均匀度指数（E）的变异系数为 0.56%，优势度指数（D）的变异系数为 1.46%。但是，丰富度呈现微上升趋势，均匀度呈现微下降趋势，生物多样性和优势度指数呈现轻微波动。总起来看，2006 年的丰富度指数（G）最大，生物多样性也最高，相对而言，均匀性最差，优势程度中等。

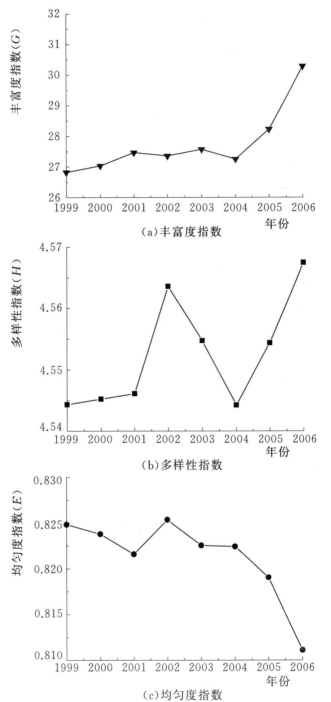

（a）丰富度指数

（b）多样性指数

（c）均匀度指数

图 6.1（一） 西双版纳热带季节雨林乔木层生物多样性指数变化情况

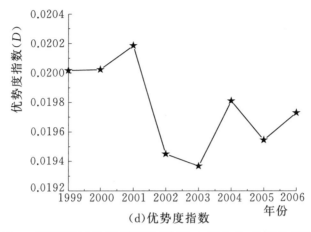

(d)优势度指数

图 6.1（二）　西双版纳热带季节雨林乔木层生物多样性指数变化情况

6.2.1.2　灌木层

2002—2006 年西双版纳热带季节雨林观测场灌木层的丰富度指数（G）为 3.0400～13.4631。在 10000m² 的样地上物种种类数为 28～124。物种分布均匀，均匀度指数（E）为 0.8783～0.9149。优势种不明显，优势度指数（D）为 0.0233～0.0626。乔木层的多样性指数（H）为 3.0487～4.2584。西双版纳热带季节雨林灌木层生物多样性指数变化情况如图 6.2 所示。

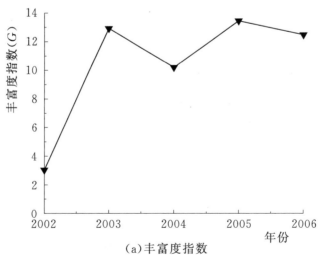

(a)丰富度指数

图 6.2（一）　西双版纳热带季节雨林灌木层生物多样性指数变化情况

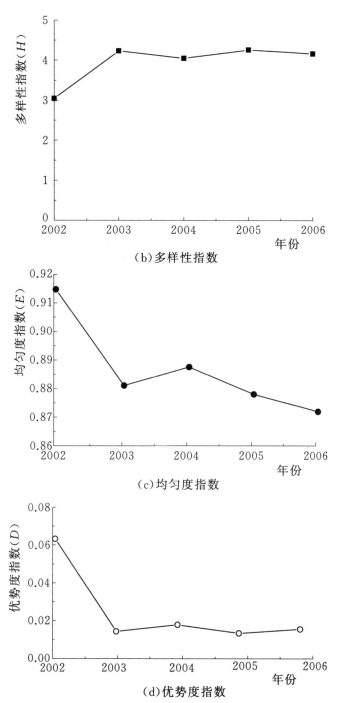

（b）多样性指数

（c）均匀度指数

（d）优势度指数

图 6.2（二）　西双版纳热带季节雨林灌木层生物多样性指数变化情况

这五年中，西双版纳热带季节雨林灌木层的丰富度指数（G）和优势度指数（D）变化较大，变异系数分别为 41.35% 和 52.25%；多样性指数（H）和均匀度指数（E）的变化程度较小，变异系数分别为 12.94% 和 1.60%。其中，2002—2003 年各生物多样性指数变化较大，2003 年的丰富度指数（G）比 2002 年上升了 325%，生物多样性指数（H）上升了 38.89%，均匀度指数（E）和优势度指数（D）分别下降了 3.16% 和 61.49%。2003—2006 年的四年间各生物多样性指数变化较小，其中丰富度指数（G）的变异系数为 11.67%，多样性指数（H）的变异系数为 2.22%，均匀度指数（E）的变异系数为 0.63%，优势度指数（D）的变异系数为 6.20%。但是，丰富度呈现微上升趋势，均匀度呈现微下降趋势，生物多样性和优势度指数呈现轻微波动。总起来看，2006 年的丰富度指数（G）最大，生物多样性也最高，相对而言，均匀性最差，优势程度中等。

6.2.1.3 草本层

2002—2006 年西双版纳热带季节雨林观测场草本层的丰富度指数（G）为 6.8401～10.4231。在 10000m² 的样地上物种种类数为 63～96。物种分布均匀，均匀度指数（E）为 0.7393～0.8552。优势种不明显，优势度指数（D）为 0.0462～0.0607。乔木层的多样性指数（H）为 3.2844～3.6108。西双版纳热带季节雨林草本层生物多样性指数变化情况如图 6.3 所示。

这五年中，西双版纳热带季节雨林草本层的生物多样性指数变化幅度不大，其中丰富度指数（G）的变异系数为 19.28%，多样性指数（H）的变异系数为 4.82%，均匀度指数（E）的变异系数为 5.20%，优势度指数（D）的变异系数为 11.66%。但是，丰富度先上升后下降，均匀度先下降后上升，多样性和优势度指数呈现微小波动。总起来看，2003—2004 年的丰富度指数（G）最大，2004 年的生物多样性也最高，2002 年的均匀性指数最大，2005 年的优势度指数最大。

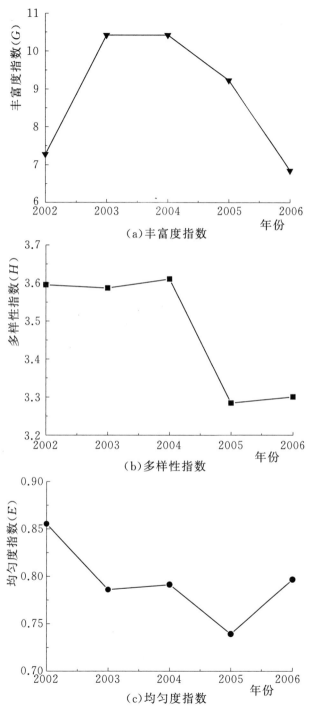

(a)丰富度指数

(b)多样性指数

(c)均匀度指数

图 6.3（一） 西双版纳热带季节雨林草本层生物多样性指数变化情况

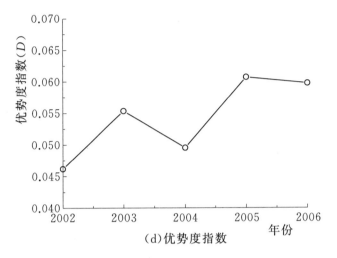

（d）优势度指数

图 6.3（二）　西双版纳热带季节雨林草本层生物多样性指数变化情况

6.2.2　鼎湖山亚热带季风林

6.2.2.1　乔木层

鼎湖山亚热带季风常绿阔叶林群落终年常绿，林分结构复杂。鼎湖山亚热带季风常绿阔叶林乔木层物种分布较均匀，优势种不太明显，2500m² 的范围内物种数接近 70。1999 年和 2004 年样地的丰富度指数（G）分别为 8.6912 和 8.3077，均匀度（E）分别为 0.7009 和 0.7268，优势度指数（D）分别为 0.1171 和 0.0996，多样性指数（H）分别为 2.9575 和 3.0341。

鼎湖山亚热带季风常绿阔叶林乔木层的生物多样性变化微弱。2004 年丰富度指数（G）比 1999 年降低 4.42％，均匀度指数（E）上升 3.70％，优势度指数（D）下降 14.94％，生物多样性指数（H）上升 2.59％。鼎湖山亚热带季风常绿阔叶林乔木层生物多样性指数变化情况如图 6.4 所示。

6.2.2.2　灌木层

鼎湖山季风常绿阔叶林灌木层也比较发达，在调查的 250m² 的样地上，灌木种类数为 39～50。1999 年、2004 年和 2005 年灌木层

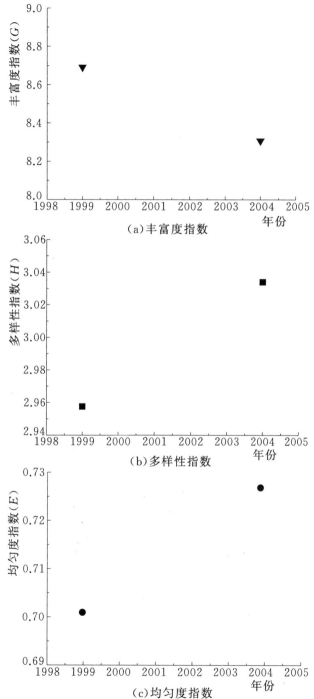

（a）丰富度指数

（b）多样性指数

（c）均匀度指数

图 6.4（一） 鼎湖山季风常绿阔叶林乔木层生物多样性指数变化情况

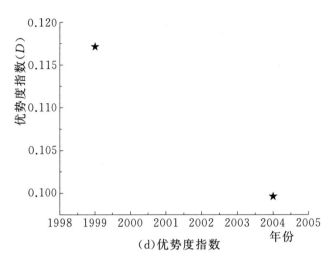

（d）优势度指数

图 6.4（二）　　鼎湖山季风常绿阔叶林乔木层生物多样性指数变化情况

的丰富度指数（G）的平均值为 7.0633，均匀度指数（E）为 0.5392，优势度指数（D）为 0.2932，多样性指数（H）为 2.0449。鼎湖山季风常绿阔叶林灌木层生物多样性指数变化情况如图 6.5 所示。

　　2004 年和 1999 年相比，丰富度指数（G）下降了 22.22％，这主要是由于在样地上的灌木树种由 54 种减少到了 42 种；多样性指数下降了 9.902％，均匀度指数（E）下降了 3.84％，优势度指数（D）上升了 29.00％。2005 年和 2004 年相比，丰富度指数（G）下降

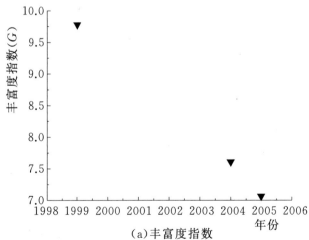

（a）丰富度指数

图 6.5（一）　　鼎湖山季风常绿阔叶林灌木层生物多样性指数变化情况

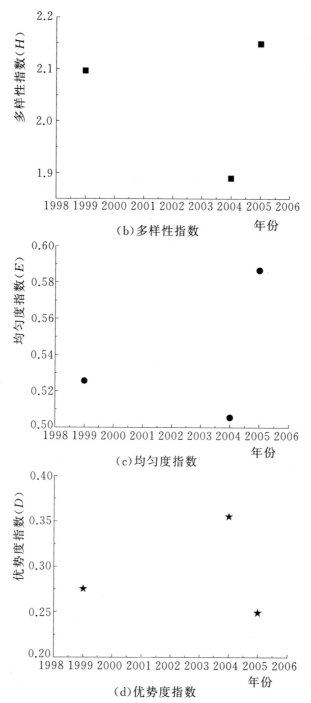

(b)多样性指数

(c)均匀度指数

(d)优势度指数

图 6.5（二） 鼎湖山季风常绿阔叶林灌木层生物多样性指数变化情况

了 7.14％，多样性指数（H）上升了 13.74％，均匀度指数（E）上升了 16.04％，优势度指数（D）下降了 29.86％。虽然 2005 年的物种数量比 1999 年减少了，甚至比 2004 年都有微量减少，但是多样性指数（H）却比 1999 年的高。这主要是由于 2005 年物种分布更加均匀，而且优势度也下降了。

6.2.2.3 草本层

鼎湖山季风常绿阔叶林在 $6m^2$ 的样地上，草本类有 17～33 种。1999 年、2004 年和 2005 年三年丰富度指数（G）的平均值为 13.0225，多样性指数（H）的平均值为 1.7548，均匀度指数（E）的平均值为 0.5533，优势度指数（D）的平均值为 0.3468。鼎湖山季风常绿阔叶林草本层生物多样性指数变化情况如图 6.6 所示。

2004 年和 1999 年相比，鼎湖山季风常绿阔叶林草本层的多样性变化较大，丰富度指数（G）增加了 94.12％，这主要是因为草本种类由 17 种增加到 33 种。均匀度指数（E）增加了 97.71％，优势度指数（D）下降了 76.77％，生物多样性指数增加了 144.00％。2005 年和 2004 年相比，草本层的多样性又有所下降，其中，丰富度指数（G）下降了 39.39％，均匀度指数（E）下降了 12.59％，优势度指数（D）上升了 120.63％，生物多样性指数（H）下降了 25.11％。

6.2.3 长白山阔叶红松林

由于数据的可得性，长白山仅计算了 2005 年乔木层、灌木层和草本层的生物多样性指数。其中，乔木层的物种丰富度（G）为 1.4910，均匀度指数（E）为 0.8405，生物多样性指数（H）为 2.0155，优势度指数（D）为 0.1575；灌木层的物种丰富度指数（G）为 7.6944，均匀度指数（E）为 0.6435，多样性指数（H）为 2.2303，优势度指数（D）为 0.1732；草本层的物种丰富度指数（G）为 3.6067，均匀度指数（E）为 0.8956，生物多样性指数（H）为 2.0621，优势度指数（D）为 0.1495。

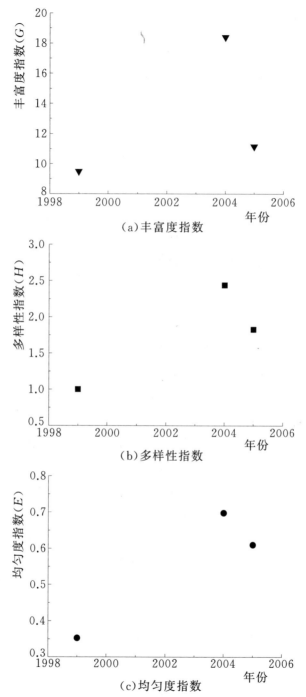

图 6.6（一）　鼎湖山季风常绿阔叶林草本层生物多样性指数变化情况

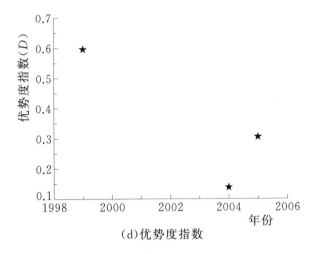

(d)优势度指数

图 6.6（二）　鼎湖山季风常绿阔叶林草本层生物多样性指数变化情况

6.2.4　不同林型的比较

同比 2005 年西双版纳热带季节雨林、鼎湖山亚热带季风常绿阔叶林和长白山温带阔叶红松林各生物多样性指数（表 6.1～表 6.3）。就乔木层而言，西双版纳热带季节雨林的物种丰富度和生物多样性指数最大，长白山温带阔叶红松林的最小。其中，西双版纳的丰富度是长白山的 18.93 倍，是鼎湖山的 3.40 倍。西双版纳的生物多样性指数是长白山的 2.26 倍，是鼎湖山的 1.50 倍。长白山阔叶红松林的均匀度和优势度最大，鼎湖山亚热带季风常绿阔叶林的均匀度最小，西双版纳的优势度最小。

就灌木层而言，西双版纳热带季节雨林的丰富度和多样性指数最大，鼎湖山亚热带季风常绿阔叶林的最小。其中，西双版纳的丰富度是鼎湖山的 1.91 倍，是长白山的 1.75 倍；西双版纳的多样性指数是鼎湖山的 1.98 倍，是长白山的 1.91 倍。西双版纳的均匀度最大，鼎湖山的均匀度最小。鼎湖山的优势度最大，西双版纳的优势度最小。

就草本层而言，鼎湖山亚热带季风常绿阔叶林的丰富度最大，长白山温带阔叶红松林的最小。西双版纳热带季节雨林的多样性指数最大，鼎湖山的最小。长白山的均匀度指数最大，鼎湖山的最小。鼎湖山的优势度指数最大，西双版纳的最小。鼎湖山的丰富度指数虽然最大，但是生物多样性指数却最小，这主要是由于其物种优势程度高引起的。

表 6.1　　　　　　　乔木层各生物多样性指数比较

林型	丰富度 指数（G）	多样性 指数（H）	均匀度 指数（E）	优势度 指数（D）
西双版纳热带季节雨林	28.2291	4.5544	0.8190	0.0195
鼎湖山亚热带季风林	8.3077	3.0341	0.7268	0.0996
长白山温带阔叶红松林	1.4910	2.0155	0.8405	0.1575

表 6.2　　　　　　　灌木层各生物多样性指数比较

林型	丰富度 指数（G）	多样性 指数（H）	均匀度 指数（E）	优势度 指数（D）
西双版纳热带季节雨林	13.4631	4.2584	0.8834	0.0233
鼎湖山亚热带季风常绿阔叶林	7.0633	2.1488	0.5865	0.2491
长白山温带阔叶红松林	7.6944	2.2303	0.6435	0.1732

表 6.3　　　　　　　草本层各生物多样性指数比较

林型	丰富度 指数（G）	多样性 指数（H）	均匀度 指数（E）	优势度 指数（D）
西双版纳热带季节雨林	9.2288	3.2844	0.7393	0.0607
鼎湖山亚热带季风常绿阔叶林	11.1622	1.8263	0.4133	0.3056
长白山温带阔叶红松林	3.6067	2.0621	0.8956	0.1495

可见，西双版纳热带季节雨林各层的多样性指数都高于其他两种森林，鼎湖山季风常绿阔叶林乔木层的多样性指数高于长白山温带阔叶红松林，而鼎湖山灌木层和草本层的多样性指数都低于长白山。

6.2.5 小结

研究中的森林生态系统各生物多样性指数没有明显的规律，同时，不同的生物多样性指数呈现不同的变化形态。三种森林各层的生物多样性指数排序也不同，就多样性指数（H）而言，西双版纳热带季节雨林各层的生物多样性都高于其他两种森林，鼎湖山季风常绿阔叶林乔木层的生物多样性指数高于长白山温带阔叶红松林，而鼎湖山灌木层和草本层的生物多样性指数都低于长白山。

由于乔木层、灌木层和草本层等各层的多样性指数（H）的计算公式不尽相同，因此，本研究没有计算群落的多样性指数（H）。但是，将各层分别进行比较，也能辨析出三种林型的生物多样性情况。此外，由于各样地的面积不一样，所以计算出来的结果存在着一定的误差。

由于尚没有广为社会接受的生物多样性保持价值的计算方法，因此，本文借鉴国家林业局发布的《森林生态系统服务功能评估规范》（LY/T 1721—2008）中规定的计算方法，粗略估算三种森林生态系统的生物多样性保持价值。其中，

生物多样性保持价值计算公式为

$$U = S \cdot A \tag{6.5}$$

式中：U 为林分物种生物多样性保持价值，元·a^{-1}；S 为单位面积物种生物多样性保持价值，元·hm^{-2}·a^{-1}（表 6.4）；A 为林分面积，hm^2。

表 6.4　　　　　　　　多样性指数等级划分及其价值量

等级	多样性指数	单价/（元·hm^{-2}·a^{-1}）
Ⅰ	指数≥6	50 000
Ⅱ	5≤指数＜6	40 000
Ⅲ	4≤指数＜5	30 000
Ⅳ	3≤指数＜4	20 000

等级	多样性指数	单价/(元·hm^{-2}·a^{-1})
V	2≤指数≤3	10 000
VI	1≤指数≤2	5 000
VII	指数≤1	3 000

按如上方法，比照西双版纳热带季节雨林、鼎湖山亚热带季风常绿阔叶林和长白山温带阔叶红松林乔木层、灌木层和草本层的多样性指数（H），发现三种森林的总群落多样性指数（H）都在 6 以上，因此，三种森林生态系统的生物多样性保持价值都为 50000 元·hm^{-2}·a^{-1}，即 8038.58 \$·hm^{-2}·a^{-1}。

第 7 章　东灵山森林生态系统服务流量

7.1　水源涵养

按照 4.1 节中的研究方法计算北京东灵山暖温带落叶阔叶林的调节水量。其中降水量、树干径流量、穿透降水量、地表枯落物含水量、地表枯落物现存量、土壤含水量、径流量数据来源于中国生态系统研究网络（CERN）——北京森林站 2005 年监测数据。

东灵山暖温带落叶阔叶林在 5—9 月的调节水量为 7614.95 $m^3 \cdot hm^{-2}$。调节水量中以土壤含水量为主，占总调节水量的 86.20%；其次为树冠截留量，占总调节水量的 13.13%；枯落物含水量最低，仅占 0.67%，可以忽略不计。

5—9 月，东灵山暖温带落叶阔叶林树冠截留量的变化曲线呈单峰态，从 5 月开始上升，7 月达到最高峰，树冠截留量为 345.90 $m^3 \cdot hm^{-2}$，8 月和 9 月逐渐下降。从 5 月开始，土壤含水量逐渐下降，7 月达到最低，土壤含水量为 936.69 $m^3 \cdot hm^{-2}$，8 月上升，9 月又下降。土壤含水量在 7 月达到最低值，是由于 7 月的蒸发量大。总截留量的变化趋势与土壤含水量的变化趋势一致，7 月总截留量最低，为 1286.50 $m^3 \cdot hm^{-2}$。东灵山暖温带落叶阔叶林水源涵养功能流量过程如图 7.1 所示。

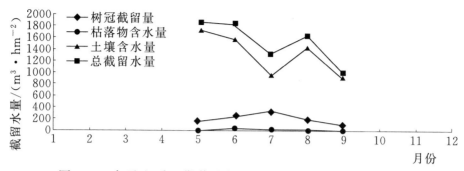

图 7.1　东灵山暖温带落叶阔叶林水源涵养功能流量过程

7.2　土壤保持

运用 USLE 模型计算东灵山暖温带落叶阔叶林的土壤保持量，分析降雨量和降雨侵蚀力、潜在土壤侵蚀量、现实土壤侵蚀量和土壤保持量在年内的变化过程。USLE 模型中所需的日降水量、砂粒（0.05～2mm）、粉粒（0.002～0.05mm）、黏粒（<0.002mm）和有机碳含量、坡长和坡度、植被盖度等数据来源于中国生态系统研究网络（CERN）——北京森林站 2005 年监测数据。

（1）降水量和降雨侵蚀力。2005 年东灵山暖温带落叶阔叶林实验场的年降水量为 531mm。降水量在年内的变化曲线呈单峰状，5—8 月的降水量较大，7 月达到峰值。年降雨侵蚀力为 1631.57 MJ·mm·hm^{-2}·h^{-1}。年降雨侵蚀力的变化曲线同样呈单峰状，5—8 月的降雨侵蚀力较大，7 月达到峰值（图 7.2）。

（2）潜在土壤侵蚀量。2005 年，东灵山暖温带落叶阔叶林年潜在土壤侵蚀量为 510t·hm^{-2}·a^{-1}。潜在土壤侵蚀量的变化趋势与降雨侵蚀力的变化趋势一致，曲线都呈单峰态，最高值出现在 7 月。月潜在土壤侵蚀量的最大值为 151t·hm^{-2}·month^{-1}（图 7.3）。

（3）现实土壤侵蚀量。2005 年，东灵山暖温带落叶阔叶林年现实土壤侵蚀量为 0.54t·hm^{-2}·a^{-1}。现实土壤侵蚀量的变化趋势与

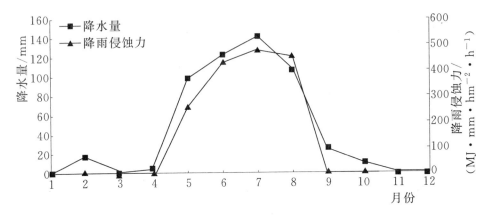

图 7.2　东灵山暖温带落叶阔叶林降雨量和降雨侵蚀力年内变化过程

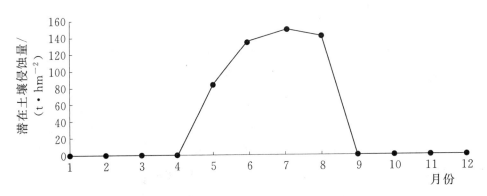

图 7.3　东灵山暖温带落叶阔叶林潜在土壤侵蚀量年内变化过程

潜在土壤侵蚀量的变化趋势不太一致。尽管两种侵蚀量的曲线都呈单峰态，但是现实土壤侵蚀量的最高值出现在 5 月，然后呈逐渐下降的趋势。现实土壤侵蚀量的值很小，月现实侵蚀量的变化也较小。月现实土壤侵蚀量的最大值为 $0.15t \cdot hm^{-2} \cdot month^{-1}$（图 7.4）。

（4）土壤保持量。2005 年，东灵山暖温带落叶阔叶林发挥了很重要的土壤保持功能，年土壤保持量为 $510t \cdot hm^{-2} \cdot a^{-1}$。可见，东灵山暖温带落叶阔叶林的土壤保持率接近 100%。土壤保持量的变化趋势与潜在土壤侵蚀量的变化趋势保持一致，其曲线呈单峰态，土壤保持量的最高值出现在 7 月。月土壤保持量的最大值为 $151t \cdot hm^{-2} \cdot month^{-1}$（图 7.5）。

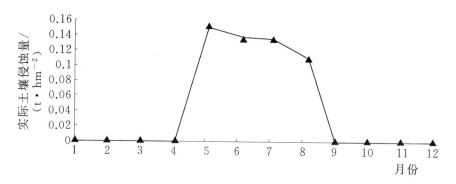

图 7.4　东灵山暖温带落叶阔叶林实际土壤侵蚀量年内变化过程

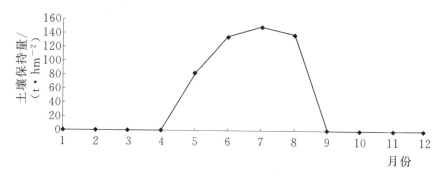

图 7.5　东灵山暖温带落叶阔叶林土壤保持量年内变化过程

7.3　生态系统功能空间辐射

由于一些生态因子具有流动性，比如水、大气等能从一个地方流动到另外一个地方，导致一地的生态系统提供的一些功能对另外一些地方产生影响，这可以称为生态系统服务功能的空间辐射效应。最明显具有空间辐射效应的生态功能有水源涵养、土壤保持、大气净化、昆虫授粉等功能。生态系统服务功能空间辐射研究应当包括其辐射半径、辐射范围和生态系统功能影响大小。这些研究成果对于指导制定区域间横向生态补偿范围和标准具有重要意义。

目前，由于生态系统功能形成机理和变化过程的复杂性，以及数据的难获得性，基于特定生态系统功能机理的空间辐射研究几乎没有。范小杉等（2007）运用经济地理学中的裂点公式和场强公式定量研究了门头沟区的森林和草地对北京市城区的辐射范围和影响大小。其计算结果表明，门头沟区森林、草地的生态环境核心区距离北京市城区核心区约 40km，影响面积约 100km^2。门头沟区森林、草地等植被在吸收 SO_2 这一生态服务上，向北京城区转移的价值为 23.8 万元。在今后一段时间内，结合地理要素空间分布特征的分布式模拟是研究生态系统服务空间流动的重要发展方向（肖玉等，2015）。

7.4　小结

北京东灵山暖温带落叶阔叶林发挥着重要的水源涵养、土壤保持、净化空气和生物多样性保护等功能。这些功能的发挥在时间上和空间上都具有"流动性"。在年内，东灵山暖温带落叶阔叶林的水源涵养功能和土壤保持功能都随着月份的变化呈现一定的变化趋势。在空间上，东灵山暖温带落叶阔叶林的生态功能具有一定的扩散效应，这些功能的发挥在维持北京生态安全中发挥着重要的作用。

第8章　总结与展望

本研究主要利用中国生态系统研究网络（CERN）和中国通量观测研究联盟（ChinaFLUX）的数据，刻画了长白山温带阔叶森林、千烟洲亚热带人工针叶林、鼎湖山亚热带常绿阔叶林、西双版纳热带季节雨林、内蒙古温带草原、海北高寒草甸、当雄高寒草甸、禹城暖温带农田、常熟亚热带农田、千烟洲亚热带农田、盐亭亚热带农田和长武暖温带农田的碳汇服务、水源涵养、土壤保持和生物多样性保持服务的动态变化过程，揭示上述四种生态系统服务及价值的形成过程。其中，水源涵养和土壤保持服务主要为年内动态变化过程；碳汇服务既有年内动态变化，也有年际间的动态变化；生物多样性保持主要为年际间的动态变化。

8.1　总结

不同的生态系统服务类型的流量过程不同。首先，不同的生态系统服务类型的形成机制不同。碳汇服务主要受植被类型和气候条件的影响，水源涵养服务主要受植被类型、降水量和土壤含水量的影响，土壤保持主要受植被类型、风速或降雨量和坡度等的影响，生物多样性保持服务与整个生态系统环境有关。其次，不同的生态系统服务类型的年内/年际变化过程呈现不同趋势。碳汇服务、水源涵养和生物多样性保持服务的发挥是连续的，土壤保持服务是分散的。

经过一系列的研究和分析，结果如下：

（1）碳汇服务是一个连续发挥的过程，其价值实现是一个累积过程。植被的碳汇服务过程包括碳固定和碳蓄积两个过程。年内，六种生态系统碳固定服务从大到小依次为禹城温带农田（19560.70 kg·hm^{-2}·a^{-1}）＞千烟洲亚热带人工针叶林（17675.49 kg·hm^{-2}·a^{-1}）＞长白山温带阔叶红松林（10625.44 kg·hm^{-2}·a^{-1}）＞海北高寒草甸（2370.22 kg·hm^{-2}·a^{-1}）＞当雄高寒草甸（－1540.42 kg·hm^{-2}·a^{-1}）。长白山温带阔叶红松林、当雄高寒草甸和海北高寒草甸固定 CO_2 的日流量曲线呈现明显的单峰形态，千烟洲亚热带人工针叶林的曲线峰型不明显；禹城农田生态系统吸收 CO_2 的日流量曲线呈现明显的双峰型。

（2）通过樟子松生长方程模拟森林植被碳汇服务年际间的变化，得出：从幼年至成熟期间，碳汇服务和碳蓄积服务变化曲线都呈现 S 形，碳固定服务变化曲线呈现单峰形。森林植被在幼年时主要提供碳固定服务，随着林龄增加，碳蓄积服务所占的分量逐渐增大。在生长进程中，森林植被的碳固定价值先增大后变小，碳蓄积价值则是一个逐渐增加的过程，在这两者作用下，碳汇价值逐渐增大，增速先变大后减小，最后碳汇价值趋向于稳定值。随着林龄的增加，碳汇总价值中碳蓄积价值所占的比重逐渐增大。到成熟林时期，尽管森林植被的碳固定服务价值已经很小，但是碳汇价值很大，此时森林植被主要提供碳蓄积服务。

（3）按照水源涵养量从大到小几种典型生态系统的排序为西双版纳热带季节雨林（12108 m^3·hm^{-2}）＞鼎湖山亚热带季风常绿阔叶林（11484 m^3·hm^{-2}）＞长白山温带阔叶针叶林（7318 m^3·hm^{-2}）≈千烟洲亚热带双季稻田（7214 m^3·hm^{-2}）＞禹城温带冬小麦-夏玉米田（5075 m^3·hm^{-2}）≈常熟亚热带冬小麦-水稻田（5052 m^3·hm^{-2}）＞海北高寒草甸（1980 m^3·hm^{-2}）＞内蒙古温带羊草草原（803 m^3·hm^{-2}）。总体上来说，森林生态系统水源涵养服务价值最大（西双版纳森林为 712 \$·hm^{-2}·a^{-1}、鼎湖山森林为 823 \$·hm^{-2}·a^{-1}、长白山森林为 366 \$·hm^{-2}·a^{-1}），其次为农田生态系统（禹城农田为 147 \$·hm^{-2}·a^{-1}、常熟农田为

92 \$ · hm^{-2} · a^{-1}、千烟洲农田为 247 \$ hm^{-2} · a^{-1}），草地生态系统最小（海北高寒草甸为 75 \$ · hm^{-2} · a^{-1}、内蒙古草原为 30 \$ · hm^{-2} · a^{-1}）。三种森林生态系统水源涵养价值年内动态曲线都呈现单峰形态；海北高寒草甸水源涵养价值年内变化较缓慢，内蒙古温带羊草草原在 5—10 月期间呈现下降趋势；千烟洲亚热带双季稻田水源涵养价值年内变化曲线较平缓，常熟亚热带小麦-水稻田水源涵养价值变化曲线呈现双谷形态，禹城温带冬小麦-夏玉米田水源涵养价值年内变化曲线在 3 月出现一个波谷，之后曲线逐渐上升，至 8 月，8 月—11 月曲线平缓，12 月又下降。

（4）几种典型生态系统按年土壤保持量从大到小排序为鼎湖山季风常绿林（3683.41t · hm^{-2} · a^{-1}）＞西双版纳热带季节雨林（607.64t · hm^{-2} · a^{-1}）＞内蒙古温带草原（123.32t · hm^{-2} · a^{-1}）＞盐亭农田（23.18t · hm^{-2} · a^{-1}）＞海北高寒草甸（19.59t · hm^{-2}a^{-1}）＞长白山阔叶红松林（9.68t · hm^{-2} · a^{-1}）＞长武农田（3.08t · hm^{-2} · a^{-1}）；按照年土壤保持价值从大到小排序为鼎湖山亚热带季风常绿阔叶林（324.30 \$ · hm^{-2} · a^{-1}）＞内蒙古温带草原（133.52 \$ · hm^{-2} · a^{-1}）＞西双版纳热带季节雨林（73.92 \$ · hm^{-2} · a^{-1}）＞海北高寒草甸（32.45 \$ · hm^{-2} · a^{-1}）＞盐亭农田（15.74 \$ · hm^{-2} · a^{-1}）＞长武农田（1.98 \$ · hm^{-2} · a^{-1}）＞长白山阔叶红松林（0.80 \$ · hm^{-2} · a^{-1}）。主要受降雨量、植被因子和坡度等的影响，典型生态系统的土壤保持服务呈现一定的变化趋势，且不同的生态系统变化趋势不同。长白山阔叶红松林、西双版纳热带季节雨林、长武农田和盐亭农田的月土壤保持量呈现明显单峰型去，最大值分别出现在 8 月、7 月、8 月和 8 月。鼎湖山季风常绿阔叶林的月土壤保持量变化曲线呈现"一大一小"两个峰值，最大值出现在 6 月。海北高寒草甸和内蒙古温带草原月土壤保持量变化曲线上下波动，呈现多峰状态，最大月份为 6 月和 10 月。

（5）森林生态系统各生物多样性指数没有明显的规律，同时，不同的生物多样性指数呈现不同的变化形态。三种森林各层的生物多样性指数排序也不同，就多样性指数（H）而言，西双版纳热带季节雨林各层的生物多样性都高于其他两种森林，鼎湖山季风常绿阔叶林乔木层的生物多样性指数高于长白山温带阔叶红松林，而鼎湖山灌木层和草本层的生物多样性指数都低于长白山。三种森林生态系统的生物多样性保持价值都为 8038.58 \$ · hm^{-2} · a^{-1}。

8.2　期望

目前，关于生态系统服务价值研究很多，就其研究的必要性以及研究方法都存在着很大的争议。关于各生态系统服务的计算，无论是物理量计算，还是价值量计算，尚未形成统一的方法体系，可以说生态系统服务的研究处于瓶颈阶段。基于数据的可得性和研究的必要性，本研究主要采用中国生态系统研究网络（ERN）的数据，试图通过刻画典型生态系统服务的变化曲线，揭示年内/年际生态系统服务的形成过程。与此同时，在前人的研究基础上，尝试着用一些新的计算方法评估生态系统服务及其价值。经过研究和分析取得了一些研究成果，但是也存在着很多的问题有待解决。

创新主要包括如下内容：

（1）将碳汇服务过程划分为碳固定和碳蓄积过程，进一步详细地分析植被的碳服务。

（2）水源涵养服务中，主要计算生态系统的调节径流和供给水服务。将土壤看作"水库"，承担着蓄水的作用，在计算价值时，考虑了水库成本的贴现，进而计算出水源涵养服务真正的年价值。同时，在计算农田的水源涵养服务价值时，扣除了灌溉的成本。

（3）土壤保持的计算中，根据研究点所在的土壤侵蚀类型区不同，采用水蚀侵蚀模型和风力侵蚀模型分别对水力侵蚀区和风力侵蚀区生态系统的土壤保持进行计算。

尚需解决的问题有：

（1）进行更多的生态系统服务类型的研究。生态系统往往承担着多种生态系统服务，本研究仅仅分析了常规的四种生态系统服务类型，在今后的研究中我们要利用已有的基础数据研究更多的生态系统服务的流量过程。

（2）在研究碳汇服务、水源涵养、土壤保持和生物多样性保持服务的流量过程时，本研究仅仅是利用了已有的生态系统台站数据，基本都是几年的数据，这在生态系统服务及价值流量过程的研究中远远不够。今后，我们要利用更多年限的观测数据进行这方面的研究，揭示更广泛、更普适的生态系统服务供给过程和规律。

（3）目前，关于生态系统服务价值的评价在生态系统服务的研究中争议很大，人们期待着建立一个简便、可行的价值评估体系以供参考。本研究尝试着在已有理论和研究的基础上，改善了碳汇服务、水源涵养等服务的价值评估方法。这势必会引起人们的争议，需要更长的时间和研究来验证这些方法的正确性。

（4）一方面，生物多样性是生态系统提供多种生态系统服务的基础，另一方面生态系统提供着生物多样性保持服务的功能。目前，关于生态系统提供的生物多样性保持服务价值评价的方法研究尚欠缺，研究方法尚不成熟。本研究在这方面仅仅是依据已有的规范给出了一个价值，这也还不完善。今后，我们要强化生物多样性保持服务及价值的研究。

参 考 文 献

［1］ 蔡崇法，丁树文. 应用 USLE 模型与地理信息系统 IDRISI 预测小流域
　　　 土壤侵蚀量的研究［J］. 水土保持学报，2000，14（2）：19-24.

［2］ 查同刚，张志强，朱金兆，等. 森林生态系统碳蓄积与碳循环［J］. 中
　　　 国水土保持科学，2008，6（6）：112-119.

［3］ 陈伟琪. 社会贴现率的环境内涵解析［J］. 中国经济问题，2003（4）：
　　　 66-69.

［4］ 陈瑶，朱万才. 樟子松人工林胸径生长规律的研究［J］. 林业科技情
　　　 报，2010，42（2）：26-27.

［5］ 陈宜瑜. 生态系统定位研究［M］. 北京：科学出版社，2009.

［6］ 陈引珍，程金花，张洪江，等. 缙云山几种林分水源涵养和保土功能
　　　 评价［J］. 水土保持学报，2009，23（2）：66-70.

［7］ 陈仲新，张新时. 中国生态系统效益的价值［J］. 科学通报，2000，45
　　　 （1）：17-22.

［8］ 程根伟，石培礼. 长江上游森林涵养水源效益及其经济价值评估［J］.
　　　 中国水土保持科学，2004，2（4）：17-20.

［9］ 丁访军，王兵，钟洪明，等. 赤水河下游不同林地类型土壤物理特性
　　　 及其水源涵养功能［J］. 水土保持学报，2009，23（3）：179-
　　　 183，231.

［10］ 董志宝，高尚玉，董光荣. 土壤风蚀预报研究评述［J］. 中国沙漠，
　　　 1999，19（4）：312-317.

［11］ 董治宝，Donald W F，高尚玉. 直立植物防沙措施粗糙特征的模拟实
　　　 验［J］. 中国沙漠，2000，20（3）：260-263.

［12］ 董治宝，陈广庭. 内蒙古后山地区土壤风蚀问题初论［J］. 土壤侵蚀与
　　　 水土保持学报，1997，3（2）：84-90.

［13］ 董治宝. 建立小流域风蚀量统计模型初探［J］. 水土保持通报，1998，
　　　 18（5）：55-62.

［14］ 范晓梅，刘光兰，王一博，等. 长江源区高寒草甸植被覆盖变化对蒸
　　　 散过程的影响［J］. 水土保持通报，2010，30（6）：17-21，26.

[15] 范小杉，高吉喜，温文. 生态资产空间流转及价值评估模型初探 [J]. 环境科学研究，2007，20 (5)：160-164.

[16] 冯宗炜. 中国森林生态系统的生物量和生产力 [M]. 北京：科学出版社，1999.

[17] 高琼，董学军，梁宁. 基于土壤水分平衡的沙地草地最优植被覆盖率的研究 [J]. 生态学报，1996，16 (1)：33-39.

[18] 高人. 辽宁东部山区几种主要森林植被类型水量平衡研究 [J]. 水土保持通报，2002，22 (2)：5-8.

[19] 国家计委价格司，水利部经调司. 百家大中型水管单位水价调研报告 [J]. 中国水利学报，2002 (11)：2.

[20] 国家林业局. 森林生态系统服务功能评估规范：LY/T 1721—2008 [S]. 北京：中国标准出版社，2008.

[21] 韩永伟，高吉喜，拓学森，等. 门头沟生态系统土壤保持功能及其生态经济价值分析 [J]. 环境科学研究，2007，20 (5)：144-147.

[22] 郝雨. 大兴安岭北段天然山地樟子松分子生态学的研究 [D]. 哈尔滨：东北林业大学，2006.

[23] 何浩，潘耀忠，朱文泉，等. 中国陆地生态系统服务价值测量 [J]. 应用生态学报，2005，16 (6)：1122-1127.

[24] 侯元兆，吴水荣. 生态系统价值评估理论方法的最新进展及对我国流行概念的辩正 [J]. 世界林业研究，2008，21 (5)：7-16.

[25] 侯元兆，张佩昌，王琦，等. 中国森林资源核算研究 [J]. 北京：中国林业出版社，1995.

[26] 胡自治. 草原的生态系统服务：1. 生态系统服务概述 [J]. 草原与草坪，2004 (4)：3-11.

[27] 江忠善，郑粉莉，武敏. 中国坡面水蚀预报模型研究 [J]. 泥沙研究，2005 (4)：1-6.

[28] 姜峻，王白群，曹清玉，等. 安塞黄土丘陵区人工草地生产力与土壤水分特征 [J]. 中国农学通报，2010，26 (3)：188-195.

[29] 姜立鹏，覃志豪，谢雯，等. 中国草地生态系统服务功能价值遥感估算研究 [J]. 自然资源学报，2007，22 (2)：161-170.

[30] 蒋延玲，周广胜. 中国主要森林生态系统公益的评估 [J]. 植物生态学报，1999，23 (5)：426-432.

[31] 金争平，史培军. 内蒙古半干旱地区土壤侵蚀过程的研究——以内蒙古准格尔旗为例 [J]. 干旱区资源与环境，1987，1 (2)：55-66.

[32]　靳芳. 中国森林生态系统价值评估研究 [D]. 北京：北京林业大学，2005.

[33]　巨生成. 青海省东部土壤侵蚀特征遥感分析 [J]. 青海地质，2002 (1)：54－59.

[34]　李士美，谢高地，张彩霞，等. 森林生态系统服务流量过程研究——以江西省千烟洲人工林为例 [J]. 资源科学，2010a，32 (5)：831－837.

[35]　李士美，谢高地，张彩霞，等. 森林生态水源涵养服务流量过程研究 [J]. 自然资源学报，2010b，25 (4)：585－593.

[36]　李双权，苏德毕力格，哈斯，等. 长江上游森林水源涵养功能及空间分布特征 [J]. 水土保持通报，2011，31 (4)：62－67.

[37]　李文华，等. 生态系统功能价值评估的理论、方法与应用 [M]. 北京：中国人民大学出版社，2008.

[38]　李永多，王之迹. 樟子松抚育间伐的起始年龄及适宜密度 [J]. 林业科技通讯，1981 (1)：19－23.

[39]　李元寿，王根绪，赵林，等. 青藏高原多年冻土活动层土壤水分对高寒草甸覆盖变化的响应 [J]. 冰川冻土，2010，32 (1)：157－165.

[40]　廖士义，李周，徐智. 论林价的经济实质和人工林价计量模型 [J]. 林业科学，1983，19 (2)：181－190.

[41]　刘军会，高吉喜. 北方农牧交错带生态系统服务价值测算及变化 [J]. 山地学报，2008，26 (2)：145－153.

[42]　刘敏超，李迪强，温琰茂，等. 三江源地区土壤保持功能空间分析及其价值评估 [J]. 中国环境科学，2005，25 (5)：627－631.

[43]　刘世荣，温远光，王兵，等. 中国森林生态系统水文生态功能规律 [M]. 北京：中国林业出版社，1996.

[44]　刘学全，唐万鹏，崔鸿侠. 丹江口库区主要植被类型水源涵养功能综合评价. 南京林业大学学报（自然科学版），2009，33 (1)：59－63.

[45]　鲁春霞，谢高地，肖玉，等. 青藏高原生态系统服务功能的价值评估 [J]. 生态学报，2004，24 (12)：2749－2755.

[46]　罗伟强，白立强，宋西德，等. 不同覆盖度林地和草地的径流量与冲刷量 [J]. 水土保持学报，1990，4 (1)：30－35.

[47]　马超飞，马建文，布和敖斯尔. USLE 模型中植被覆盖因子的遥感数据定量估算 [J]. 水土保持通报，2001，21 (4)：6－9.

[48]　马力. 公益林生态系统服务价值评价体系与方法研究 [D]. 南京：南京林业大学，2009.

[49] 闵庆文，谢高地，胡聃，等. 青海草地生态系统服务功能的价值评估
[J]. 资源科学，2004，26（3）：56－60.

[50] 莫菲，李叙勇，贺淑霞，等. 东灵山区不同森林植被水源涵养功能评
价 [J]. 生态学报，2011，31（17）：5009－5016.

[51] 莫菲，于彭涛，王彦辉，等. 六盘山华北落叶松林和红桦林的枯落物持
水特征及其截持降雨过程 [J]. 生态学报，2009，29（6）：2868－2876.

[52] 欧阳志云，王效科，苗鸿. 中国陆地生态系统服务功能及其生态经济
价值的初步研究 [J]. 生态学报，1999，19（5）：607－613.

[53] 石益丹，李玉浸，杨殿林，等. 呼伦贝尔草地生态系统服务功能价值
评估 [J]. 农业环境科学学报，2007，26（6）：2099－2103.

[54] 时忠杰，王彦辉，熊伟，等. 单株华北落叶松树冠穿透降雨的空间异
质性 [J]. 生态学报，2006，26（9）：2877－2886.

[55] 时忠杰，王彦辉，徐丽宏，等. 六盘山华山松林降雨再分配及其空间
变异特征 [J]. 生态学报，2009，29（1）：76－85.

[56] 宋理明，娄海萍. 环青海湖地区天然草地土壤水分动态研究 [J]. 中国
农业气象，2006，27（2）：151－155.

[57] 苏永中，赵哈林. 土壤有机碳储量、影响因素及其环境效应的研究进
展 [J]. 中国沙漠，2002，22（3）：220－228.

[58] 孙洪烈，于贵瑞，欧阳竹，等. 中国生态系统定位观测与研究数据集
[M]. 北京：中国农业出版社，2010，2011.

[59] 孙悦超. 内蒙古后山地区不同地表覆盖条件下土壤抗风蚀效应测试研
究 [D]. 呼和浩特：内蒙古农业大学，2008.

[60] 唐衡，郑渝，陈阜，等. 北京地区不同农田类型及种植模式的生态系
统服务价值评估 [J]. 生态经济（学术版），2008（7）：56－60.

[61] 中华人民共和国水利部. 土壤侵蚀强度分类分级标准：SL 190—2007
[S]. 北京：中国水利水电出版社，1997.

[62] 王兵，鲁绍伟. 中国经济林生态系统服务价值评估 [J]. 应用生态学
报. 2009，20（2）：417－425.

[63] 王根绪，沈永平，钱鞠，等. 高寒草地植被覆盖变化对土壤水循环影
响研究 [J]. 冰川冻土，2003，25（6）：653－659.

[64] 王景升，李文华，任青山，等. 西藏森林生态系统服务价值 [J]. 自然
资源学报，2007，22（5）：831－841.

[65] 王静，尉元明，孙旭映. 过牧对草地生态系统服务价值的影响——以
甘肃省玛曲县为例 [J]. 自然资源学报，2006，21（1）：109－117.

[66] 王晓春，宋来萍，张远东. 大兴安岭北部樟子松树木生长与气候因子的关系 [J]. 植物生态学报，2011，35（3）：294－302.

[67] 王训明，董治宝，武生智，等. 土壤侵蚀过程的一类随机模型 [J]. 水土保持通报，2001，21（1）：19－22.

[68] 吴钢，肖寒，赵景柱，等. 长白山森林生态系统服务功能 [J]. 中国科学（C辑），2001，31（5）：471－480.

[69] 吴建平，袁正科，袁通志. 湘西南沟谷森林土壤水文-物理特性与涵养水源功能研究 [J]. 水土保持研究，2004，11（1）：74－77，81.

[70] 肖寒，欧阳志云，赵景柱，等. 森林生态系统服务功能及其生态经济价值评估初探——以海南岛尖峰岭热带森林为例 [J]. 应用生态学报，2000，11（4）：481－484.

[71] 肖玉，谢高地，鲁春霞，等. 基于供需关系的生态系统服务空间流动研究进展 [J]. 生态学报，2016，36（10）：1－7.

[72] 谢高地，李士美，肖玉，等. 碳汇价值的形成和评价 [J]. 自然资源学报，2011，26（1）：1－10.

[73] 谢高地，鲁春霞，肖玉，等. 青藏高原高寒草地生态系统服务价值评估 [J]. 山地学报，2003，21（1）：50－55.

[74] 谢高地，肖玉，鲁春霞. 生态系统服务研究：进展、局限和基本范式 [J]. 植物生态学报，2006，30（2）：191－199.

[75] 谢高地，肖玉，甄霖，等. 我国粮食生产的生态服务价值研究 [J]. 中国生态农业学报，2005，13（3）：10－13.

[76] 谢高地，张钇锂，鲁春霞，等. 中国自然草地生态系统服务价值 [J]. 自然资源学报，2001，16（1）：47－53.

[77] 许中旗，闵庆文，王英舜，等. 人为干扰对典型草原生态系统土壤养分状况的影响 [J]. 水土保持学报，2006，20（5）：38－42.

[78] 薛达元. 长白山自然保护区生物多样性非使用价值评估 [J]. 中国环境科学，2000，20（2）：141－145.

[79] 闫俊华，周国逸，张德强，等. 鼎湖山顶级森林生态系统水文要素时空规律 [J]. 生态学报，2003，23（11）：2359－2366.

[80] 杨锋伟，鲁绍伟，王兵. 南方雨雪冰冻灾害受损森林生态系统生态服务功能价值评估 [J]. 林业科学，2008，44（11）：101－110.

[81] 杨弘，裴铁，关德新，等. 长白山阔叶红松林土壤水分动态研究 [J]. 应用生态学报，2006，17（4）：587－591.

[82] 杨玉盛，陈光水，谢锦升. 论森林水源涵养功能 [J]. 福建水土保持，

1999，11（3）：3－7，29.

[83] 杨志新，郑大玮，文化.北京郊区农田生态系统服务功能价值的评估研究[J].自然资源学报，2005，20（4）：564－571.

[84] 姚成滨，沈海龙，刘继生，等.东北东部山地樟子松人工林的经济生产力[J].植物研究，2003，23（3）：375－384.

[85] 尹光彩，周国逸，唐旭利，等.鼎湖山不同演替阶段的森林土壤水分动态[J].吉首大学大学（自然科学版），2003，24（3）：62－68.

[86] 于格，鲁春霞，谢高地.青藏高原草地生态系统服务功能的季节动态变化[J].应用生态学报，2007，18（1）：47－51.

[87] 余新晓，鲁绍伟，靳芳，等.中国森林生态系统服务功能价值评估[J].生态学报，2005，25（8）：2096－2102.

[88] 余新晓，秦永胜，陈丽华，等.北京山地森林生态系统服务功能及其价值初步研究[J].生态学报，2002，22（5）：783－786.

[89] 袁立敏，闫德仁，王熠青，等.沙地樟子松人工林碳储量研究[J].内蒙古林业科技，2011，37（1）：9－13.

[90] 臧英，高焕文.旱地保护性耕作土壤风蚀模型研究[J].干旱地区农业研究，2006，24（2）：1－7.

[91] 张彪，李文华，谢高地，等.森林生态系统的水源涵养功能及其计量方法[J].生态学杂志，2009，28（3）：529－534.

[92] 张彪，李文华，谢高地，等.北京市森林生态系统的水源涵养功能[J].生态学报，2008，28（11）：5619－5624.

[93] 张彪，杨艳刚，张灿强.太湖地区森林生态系统的水源涵养功能特征[J].水土保持研究，2010，17（5）：96－100.

[94] 张彩霞，谢高地，杨勤科，等.黄土丘陵区土壤保持服务价值动态变化及评价——以纸坊沟流域为例[J].自然资源学报，2008，23（6）：1035－104.

[95] 张朝晖，王宗灵，朱明远.海洋生态系统服务的研究进展[J].生态学杂志，2007，26（6）：925－932

[96] 张春来，邹学勇，董光荣，等.植被对土壤风蚀影响的风洞实验研究[J].水土保持学报，2003，17（3）：31－33.

[97] 张卫东，张栋，田克忠.碳捕集与封存技术的现状与未来[J].中外能源，2009，（14）：7－14.

[98] 张文广，胡远满，张晶，等.岷江上游地区近30年森林生态系统水源涵养量与价值变化[J].生态学杂志，2007，26（7）：1063－1067.

[99] 张永利，杨锋伟，王兵，等. 中国森林生态系统服务功能研究 [M]. 北京：科学出版社，2010.

[100] 张永民译，赵士洞校. 千年生态系统评估：生态系统与人类福祉评估框架 [M]. 北京：中国环境科学出版社，2006.

[101] 章文波，付金生. 不同类型雨量资料估算降雨侵蚀力 [J]. 资源科学，2003，25 (1)：35 - 41.

[102] 赵海珍，李文华，马爱进，等. 拉萨河谷地区青稞农田生态系统服务功能的评价——以达孜县为例 [J]. 自然资源学报，2004，19 (5)：632 - 636.

[103] 赵焕勋，王学东. 内蒙古土壤侵蚀灾害研究 [J]. 干旱区资源与环境，1994，8 (4)：35 - 42.

[104] 赵同谦，欧阳志云，贾良清，等. 中国草地生态系统服务功能间接价值评价 [J]. 生态学报，2004，24 (6)：1101 - 1110.

[105] 赵同谦，欧阳志云，郑华，等. 中国森林生态系统服务功能及其价值评价 [J]. 自然资源学报，2004，19 (4)：480 - 491.

[106] 郑淑华，王堃，赵萌莉，等. 北方农牧交错区草地生态系统服务间接价值的初步评估——以太仆寺旗和沽源县境内为例 [J]. 草业科学，2009，26 (9)：18 - 23.

[107] 中国生物多样性国情研究报告编写组. 中国生物多样性国情研究报告 [C]. 北京：中国环境科学出版社，1998.

[108] 中华人民共和国农业部畜牧兽医司，全国畜牧兽医总站主编. 中国草地资源 [M]. 北京：中国科学技术出版社，1996.

[109] 周望军. 中国水资源及水价现状调研报告 [J]. 中国物价，2010 (3)：18 - 23.

[110] 周兴民. 中国嵩草草甸 [M]. 北京：科学出版社，2001：86 - 101.

[111] 朱金兆，刘建军，朱清科. 森林凋落物层水文生态功能研究 [J]. 北京林业大学学报，2002，24 (5/6)：30 - 34.

[112] 朱连齐，许叔明，陈沛云. 山区土地利用/覆被变化对土壤侵蚀的影响 [J]. 地理研究，2003，22 (4)：432 - 438

[113] Agbenyega O, Burgess P J, Cook M, et al. Application of an ecosystem function framework to perceptions of community woodlands [J]. Land Use Policy, 2008, 26 (3)：551 - 557.

[114] Balmford A, Rodrigues A, Walpole M, et al. Review on the economics of biodiversity loss: scoping the science [R]. Final report to the

European Commission, 2008.

[115] Barbier E B. Valuing the environment as input: review of applications to mangrove-fishery linkages [J]. Ecological Economics, 2000, 35: 47 – 61.

[116] Barton D N. The transferability of benefit transfer: contingent valuation of water quality improvements in Costa Rica [J]. Ecological Economics, 2002, 42: 147 – 164.

[117] Blanco H, Lal R. Principles of Soil Conservation and Managment [M]. Springer, 2008: [2011 – 05 – 15]. http://www.docin.com/p-120178118. html.

[118] Bockstael N E, Freeman A M, Kopp R J, et al. On measuring economic values for nature [J]. Environmental Science and Technology, 2000, 34 (8): 1384 – 1389.

[119] Boyd J, Banzhaf S W. What are ecosystem services—the need for standardized environmental accounting units [J]. Ecological Economics, 2007, 63: 616 – 626.

[120] Brainard J, Bateman J J, Lovett A A. The social value of carbon sequestered in great Britain's woodlands [J]. Ecological Economics, 2009, 68: 1257 – 1267.

[121] Brainard J, Lovett A, Bateman I. Sensitivity analysis in calculating the social value of carbon sequestered in British grown Sitka spruce [J]. Journal of Forest Economics, 2006, 12: 201 – 228.

[122] Brauman K A, Daily G C, Duarte T, et al. The nature and value of ecosystem service: an overview highlighting hydrologic services [J]. The Annual Review of Environment and Resources, 2007, 32: 67 – 98.

[123] Brenner J, Jiménez J A, Sardá R, et al. An assessment of the non-market value of the ecosystem services provided by the Catalan coastal zone, Spain [J]. Ocean & Coastal Management, 2010, 52: 27 – 38.

[124] Brouwer R. Environmental value transfer: state of the art and future prospects [J]. Ecological Economics, 2000, 32: 137 – 152.

[125] Bunker D E, DeClerck F, Bradford J C, et al. Species loss and aboveground carbon storage in a tropical forest [J]. Science, 2005, 1029: 1029 – 1031.

[126] Carpenter S R, Mooney H A, Agard J, et al. Science for managing ecosystem services: beyond the millennium ecosystem assessment

[J]. Proceedings of the National Academy of Sciences, 2009, 106: 1305 – 1312.

[127] Chan K M, Shaw M R, Cameron D R, et al. Conservation planning for ecosystem services [J]. PLoS Biology, 2006 (4): 2138 – 2152.

[128] Chee Y E. An ecological perspective on the valuation of ecosystem services [J]. Biological Conservation, 2004, 120: 549 – 565.

[129] Chisholm R A. Trade-offs between ecosystem services: water and carbon in a biodiversity hotspot [J]. Economical Economics, 2010, 69: 1973 –1987.

[130] Clarkson R, Deyes K. Government economic service working paper 140: estimating the social cost of carbon emissions [R]. London: HM Treasury, 2002.

[131] Committee on Assessing and Valuing the Services of Aquatic and Related Terrestrial Ecosystems, Water Science and Technology Board. Valuing ecosystem services: towards better environmental decision-making [M]. Washington DC: the National Academies Press, 2004.

[132] Constanza R, d'Arge R, de Groot R, et al. The value of the world's ecosystem services and natural capital [J]. Nature, 1997, 387: 253 –260.

[133] Costanza R, Daily H E. Natural capital and sustainable development [J]. Conservation Biology, 1992 (6): 37 – 46.

[134] Costanza R, Fisher B, Mulder K, et al. Biodiversity and ecosystem services: A multi-scale empirical study of the relationship between species richness and net primary production [J]. Ecological Economics, 2007, 61: 478 – 491.

[135] Costanza R. Ecosystem services: multiple classification systems are needed [J]. Biological Conservation, 2008, 141: 350 – 352.

[136] Creedy J, Wurzbacher A D. The economic value of a forested catchment with timber water and carbon sequestration benefits [J]. Ecological Economics, 2001, 38: 71 – 83.

[137] Daily G C. Nature's Service: Societal Dependence on Natural Ecosystems [M]. Washington DC: Island Press, 1997.

[138] Daily G C. Development a scientific basis for managing Earth's life supporting systems [J]. Conservation Ecology, 1999, 3 (2): 14.

[139] Daily G C. The value of nature and the nature of value [J]. Science, 2000, 289 (5478): 395 – 396.

[140] Dale V H, Polasky S. Measure of the effects of agricultural practices on ecosystem services [J]. Ecological Economics, 2007, 64: 286 – 296.

[141] de Groot R. Functions of nature: evaluation of nature in environmental planning, management and decision making [M]. Groningen: Wolters-Noordhoff, 1992.

[142] de Groot R S, Wilson M A, Boumans R M J. A typology for the classification, description and valuation of ecosystem functions, goods and services [J]. Ecological Economics, 2002, 41, 393 – 408.

[143] de Groot R. Function- analysis and valuation as a tool for to assess land sue conflicts in planning for sustainable, multi- functional landscapes [J]. Landscape and Urban Planning, 2006, 75: 175 – 186.

[144] De Stefano S, Deblinger R D. Wildlife as valuable natural resources vs. intol-erable pests: a suburban wildlife management model [J]. Urban Ecosyst, 2005, 8 (2): 179 – 190.

[145] Dobbs C, Escobedo F J, Zipperer W C. A framework for developing urban forest ecosystem services and good indicators [J]. Landscape and Urban Planning, 2011, 99: 196 – 206.

[146] Dominati E, Patterson M, Mackay A. A Framework for classifying and quantifying the natural capital and ecosystem services of soils [J]. Ecological Economics, 2010, 69: 1858 – 1868.

[147] Douguet J M, O' Connor M. Maintaining the integrity of the French terroir: a study of critical natural capital in its cultural context [J]. Ecological Economics, 2003, 44: 233 – 254.

[148] Edwards P J, Abivardi C. The value of biodiversity: Where ecology and economy blend [J]. Biological Conservation, 1998, 83 (3): 239 – 246.

[149] Egoh B, Rouget M, Reyers B, et al. Integrating ecosystem services into conservation assessment: a review [J]. Ecological Economics, 2007, 63: 714 – 721.

[150] Ehrlich P R, Ehrlich A H. Extinction: the causes and consequences of the disappearance of species [M]. New York: Random House, 1981.

[151] Ehrlich P R, Ehrlich A H, Holdren J P. Ecoscience: population, resources, environment [M]. San Francisco, W. H. Freeman, 1977.

[152] Eigenbrod F, Heinemeyer A, Gillings S. The impact of proxy-based methods on mapping the distribution of ecosystem services [J]. The Journal of Applied Ecology, 2010, 47 (2): 7607 - 7609.

[153] Ekins P, Simon C, Deutsch L, et al. A framework for the practical application of the concepts of critical natural capital and strong sustainability [J]. Ecological Economics, 2003, 44: 165 - 185.

[154] Fisher B, Turner R K, Morling P. Defining and classifying ecosystem services for decision making [J]. Ecological Economics, 2009, 68: 643 - 653.

[155] Fisher B, Turner R K. Ecosystem services: Classification for valuation [J]. Biological Conservation, 2008, 141: 1167 - 1169.

[156] Guariguata M R, Balvanera P. Tropical forest service flows: improving our understanding of the biophysical dimension of ecosystem services [J]. Forest Ecology and Management, 2009, 258: 1825 -1829.

[157] Guo Z W, Gan Y L. Some scientific questions for ecosystem services [J]. Biodiversity Science, 2003, 11 (1): 63 - 69.

[158] Guo Z W, Li Y M, Xiao X M, et al. Hydroelectricity production and forest conservation in watersheds [J]. Ecological Applications, 2007, 17 (6): 1557 - 1562.

[159] Guo Z W, Xiao X M, Gan Y L, et al. Ecosystem functions, services and their values: a case study in Xingshan County of China [J]. Ecological Economics, 2001, 38: 141 - 154.

[160] Heal G. Valuing ecosystem services [J]. Ecosystems, 2000, 3 (1): 24 - 30.

[161] Holdren J, Ehrlich P. Human population and the global environment [J]. American Science, 1974, 62: 282 - 292.

[162] Ingraham M W, Gilliland F S. The value of ecosystem services provided by the U. S. national wildlife refuge system in the contiguous U. S. [J]. Ecological Economics, 2008, 67: 608 - 618.

[163] Jorgensen A, Anthopoulou A. Enjoyment and fear in urban woodlands-does age make a difference? [J]. Urban Forestry & Urban Green, 2007, 6 (4): 267 - 278.

[164] Knoche S, Lupi E. Valuing deer hunting ecosystem services from

farm landscapes [J]. Ecological Economics, 2007, 64: 313 – 320.

[165] Kremen C. Managing ecosystem services: what do we need to know about their ecology? [J]. Ecology Letter, 2005 (8): 468 – 479.

[166] Kreuter U P, Harris H G, Matlock M D, et al. Change in ecosystem service values in the San Antonio area, Texas [J]. Ecological Economics, 2001, 39: 333 – 346.

[167] Lautenbach S, Kugel C, Lausch A, et al. Analysis of historic changes in regional ecosystem service provisioning using land use data [J]. Ecological Indicators, 2011 (11): 676 – 687.

[168] Li S M, Xie G D, Yu G R, et al. Seasonal dynamics of gas regulation service in forest ecosystem [J]. Journal of Forestry Research, 2010, 21 (1): 99 – 103.

[169] Li S M, Xie G D, Zhang C X, et al. Flow processes of forest ecosystem services: a case study on Qianyanzhou Plantation, Jiangxi Province [J]. Resources Science, 2010, 32 (5): 831 – 837.

[170] Li W H, Zhang B, Xie G D. Research on ecosystem services in China: progress and perspectives [J]. Journal of Natural Resource, 2009, 24 (1): 1 – 10.

[171] Lyytimäki J, Sipilä M. Hoping on one leg-the challenge of ecosystem disser-vices for urban green management [J]. Urban Forestry & Urban Green, 2009 (8): 309 – 315.

[172] MA (Millennium Ecosystem Assessment). Ecosystems and Human Well-being: Synthesis [M]. Washington DC: Island Press, 2005.

[173] Maraseni T N, Cockfield G. Crops, cows or timber? Including carbon values in land use choices [J]. Agriculture, Ecosystems and Environment, 2011, 140: 280 – 288.

[174] Nadrowski K, Wirth C, Scherer-Lorenzen M. Is forest diversity driving ecosystem function and service? [J]. Current Opinion in Environmental Sustainability, 2010 (2): 75 – 79.

[175] Faucheux S, O'Connor M. Valuation for sustainable development: methods and policy indicators [C]. Cheltenham: Edward Elgar, 1998, 75 – 97.

[176] Intergovernmental Panel on Climate Change. Climate change 1995: economic and social dimensions of climate change [C]. Cambridge:

Cambridge University Press, 1996: 183 – 224.

[177] Pearce D W. The social cost of carbon and its policy implications [J]. Oxford Review of Economic Policy, 2003, 19: 362 – 384.

[178] Pei S, XIE G D, Chen L. The process of carbon fixation value of typical ecosystems [J]. Journal of Resources and Ecology, 2011, 2 (4): 307 – 314.

[179] Perrot-Maître D, Davis P. Case study of markets and innovative financial mechanisms for water services from forests [M]. Washington DC: Forest Trend, 2001.

[180] Pert P L, Butler J R A, Brodie J E, et al. A catchment-based approach to mapping hydrological ecosystem services using riparian habitat: A cases study from the Wet Tropics, Australia [J]. Ecological Complexity, 2010 (7): 378 – 388.

[181] Pritchard L, Folke C, Gunderson L. Valuation of ecosystem services in institutional context [J]. Ecosystems, 2000, 3 (1): 36 – 40.

[182] Ramlal E, Yemshanov D, Fox C, et al. A bioeconomic model of afforestation in Southern Ontario: integration of fiber, carbon and municipal biosolidsvalues [J]. Journal of Environmental Management, 2009, 90: 1833 – 1843.

[183] Richmond A, Kaufmann R K, Myneni R B. Valuing ecosystem services: a shadow price for net primary production [J]. Ecological Enocomics, 2007, 64: 454 – 462.

[184] Ruijgrok E C M. Transferring economic values on the basis of an ecological classification of nature [J]. Ecological Economics, 2001, 39 (3): 399 – 408.

[185] Sagoff M. On the relation between preference and choice [J]. Journal of Socio-Economics, 2003, 31 (6): 587 – 598.

[186] Sagoff M. The quantification and valuation of ecosystem services [J]. Ecological Economics, 2011, 70: 497 – 502.

[187] Daily G C. Nature's services: societal dependence on natural ecosystems [C]. Washington DC: Island Press, 1997: 237 – 252.

[188] Scheffer M, Brock W, Westley F. Socioeconomic mechanisms preventing optimum use of ecosystem services: an interdisciplinary theoretical analysis [J]. Ecosystems, 2000 (3), 451 – 471.

[189] Scherer-Lorenzen M, Palmborg C, Prinz A, et al. The role of plant diversity and composition for nitrate leaching in grasslands [J]. Ecology, 2003, 84: 1539 – 1552.

[190] Steinbeiss S, Bebler H, Engels C, et al. Plant diversity positively affects short-term soil carbon storage in experimental grasslands [J]. Global Change Biology, 2008 (14): 2937 – 2949.

[191] Stephen A W, Nickling W G. The protective role of sparse vegetation in wind erosion [J]. Progress in Physical Geography, 1993, 17 (1): 50 – 68.

[192] Sun X Z, Zhou H L, Xie G D. Ecological functions and their values in Chinese cropland ecosystem [J]. China Population, Resources and Environment, 2007, 17 (4): 55 – 60.

[193] Tietenberg T. Environmental and Natural Resource Economics [M]. New York: HarperCollins Publishers, 1992.

[194] Tilman D, Hill J, Lehman C. Carbon-negative biofuels from low input high-diversity grassland biomass [J]. Science, 2006, 314: 1598 – 1600.

[195] Tol R S J. The marginal damage costs of carbon dioxide emissions: an assessment of the uncertainties [J]. Energy Policy, 2005, 33 (16), 2064 – 2074.

[196] Tratalos J, Fuller R A, Warren P H, et al. Urbon form, biodiversity potential and ecosystem services [J]. Landscape and Urban Planning, 2007, 83: 308 – 317.

[197] Troy A, Wilson M A. Mapping ecosystem services: practical challenges and opportunities in linking GIS and value transfer [J]. Ecological Economics, 2006, 60: 435 – 449.

[198] Turner R K, Adger W N, Brouwer R. Ecosystem services value, research needs, and policy relevance: a commentary [J]. Ecological Economics, 1998, 25: 61 – 65.

[199] Turner R K, Daily G C. The ecosystem services framework and natural capital conservation [J]. Environ Resource Econ, 2008, 39: 25 – 35.

[200] Wainger L A, King D M, Mack R N, et al. Can the concept of ecosystem services be practically applied to improve natural resource management decisions? [J]. Ecological Economics, 2010, 69: 978 – 987.

[201] Wallace K J. Classification of ecosystem services: problems and solu-

tions [J]. Biological Conservation, 2007, 139: 235 – 246.

[202] Weigelt A, Schumacher J, Roscher C, et al. Does biodiversity increase spatial stability in plant community biomass? [J]. Ecology Letters, 2008, 11, (4): 338 – 347.

[203] Weitzman M L. Why the far-distant future should be discounted at its lowest possible rate [J]. Journal of Environmental Economics and Management, 1998, 36: 201 – 208.

[204] Williams J R, Arnold J G. A system of erosion-sediment yield models [J]. Soil Technology, 1997, 11 (1): 43 – 55.

[205] Wünscher T, Engel S, Wunder S. Spatial targeting of payments for environmental services: a tool for boosting conservation benefits [J]. Ecological Economics, 2008, 65: 822 – 833.

[206] Zhang B, Li W H, Xie G D, et al. Water conservation of forest eco-system in Beijing and its value [J]. Ecological Econmics, 2010, 69: 1416 – 1426.

[207] Zhang B, Li W H, Xie G D. Ecosystem services research in China: progress and perspective [J]. Ecological Economics, 2010, 69: 1389 –1395.

[208] Zhang W, Ricketts T H, Kremen C, et al. Ecosystem services and dis-services to agriculture [J]. Ecolgical Economics, 2007, 64 (2), 253 – 260.